Bitterlich / Wöbking

Geoelektronik

Angewandte Elektronik in der Geophysik, Geologie, Prospektion, Montanistik und Ingenieurgeologie

Von Dr. phil. habil. **Wolfram Bitterlich**
und Dr. phil. **Hans Wöbking**

---

289 Abbildungen. XII, 349 Seiten. 1972.
Gebunden S 890,—, DM 129,—
ISBN 3-211-81037-4

„Elektronische Meßtechniken, angewandt zur Lösung geophysikalischer Probleme, insbesondere der Lagerstättenerkundung, werden in diesem Werk ausführlich und praxisnah dargelegt. Das Buch dient ebenso der Einführung der Elektroniker in die besonderen Meßprobleme der Geophysik wie der Unterrichtung der Geologen über die Meßmöglichkeiten der Elektronik. Die Autoren beschreiben nicht nur mögliche Meßverfahren mit ihren Vorzügen und ihren Nachteilen, sondern belegen ihre Angaben auch mit einer Vielzahl experimenteller Ergebnisse. Besonders hervorzuheben sind die jedem Kapitel folgenden ausführlichen Literaturhinweise zur weiteren Vertiefung der beschriebenen Problematik. Das Buch ist eine sehr empfehlenswerte Hilfe für alle, die sich mit der Anwendung der Elektronik auf dem Gebiet der Geophysik befassen."

Glückauf

Springer-Verlag
Wien · New York

68.–69. Jahresbericht

des

Sonnblick-Vereines

für die Jahre 1970–1971

Geleitet von Prof. Dr. F. Steinhauser

Mit 23 Abbildungen im Text

Wien

Kommissionsverlag von Springer-Verlag

1973

ISBN-13: 978-3-211-81248-8   e-ISBN-13: 978-3-7091-5619-3
DOI: 10.1007/978-3-7091-5619-3

Inhalt

	Seite
Der Aufbau und Abbau der Schneedecke auf dem Sonnblick im Wechselspiel der Wetterlagen, von Adele und Friedrich Lauscher (5 Abbildungen)	3
Der Jahresgang der Temperatur in der Schneedecke am Hohen Sonnblick (3100 m), von Werner Mahringer (5 Abbildungen)	31
Die Änderungen der Sonnenscheindauer in Österreich in neuerer Zeit, von Ferdinand Steinhauser (3 Abbildungen)	41
Das Verhalten der Gletscher in der Großglockner- und Goldberggruppe in den Jahren 1970, 1971 und 1972, von Hanns Tollner	54
Neues von Höhenstationen in vier Kontinenten, von Friedrich Lauscher	65
Chronik der meteorologischen Station auf der Villacher Alpe (2140 m), von Hans Troschl (3 Abbildungen)	68
Klimatabellen österreichischer Höhenstationen für die Periode 1941—1970, von Ferdinand Steinhauser (12 Tabellen)	82
Geomorphologische Bewertung des Hollersbachtales für den Naturpark Hohe Tauern, von Erich Stocker (7 Karten)	91
Vereinsnachrichten	103
Bericht über die Tätigkeit des Sonnblick-Vereines in den Jahren 1971 und 1972	103
Buchbesprechung: Beiträge zur Klimatologie, Meteorologie und Klimamorphologie. Herausgegeben von E. Lendl und H. Riedl	104
Ergebnisse der meteorologischen Beobachtungen auf dem Sonnblickgipfel (3106,5 m) aus dem Jahre 1970 und 1971	106

Der Aufbau und Abbau der Schneedecke auf dem Sonnblick im Wechselspiel der Wetterlagen

Von Adele und Friedrich Lauscher, Wien

Mit 5 Abbildungen

1. Einleitung

Die Schneepracht des Hochgebirges erfreut Millionen Menschen. Die Schneefülle kann aber auch Menschen bedrohen, sei es örtlich in Form von Lawinen, sei es flächenhaft in Form von Überschwemmungen bei Taufluten. Das jährliche Auf und Ab der Schneelage hat eine zeitliche Fernwirkung im Entstehen und Schwinden von Gletschermassen und eine räumliche Fernwirkung in Hoch- und Niederwasser der Flüsse und Ströme bis hinunter zum Unterlauf der Donau.

Jede Analyse der Schneepegelablesungen auf dem Sonnblick kann daher vielfältigen wissenschaftlichen und praktischen Zwecken dienen. Da unser Observatorium zudem die höchste Gipfelstation der Erde ist, mag eine solche Studie vielleicht auch in methodischer Hinsicht für die Gebirgsmeteorologie aller Kontinente von Nutzen sein.

2. Beobachtungsmaterial

In [1] wurde die Geschichte der Niederschlagsmessungen auf dem Sonnblick in Erinnerung gebracht: Seit 1. August 1890 steht der „Nordkübel" auf dem Gipfelplateau nordwestlich des Hauses in Betrieb, seit 1. Juli 1930 — mit Unterbrechungen — zusätzlich der „Südkübel". Als tägliche Niederschlagshöhe gilt das Mittel aus den beiden Messungen.

Diese Werte sind für die vorliegende Bearbeitung in zweifacher Weise dienlich: Erstens zur Trennung der Anteile festen, gemischten und flüssigen Niederschlags, zweitens zur Reduktion der Totalisatoren-Ablesungen auf volle Kalendermonate.

Der erste Totalisator im Sonnblickgebiet wurde gemäß den Angaben in [2] am 17. Juli 1926 in 2570 m Höhe unterhalb der Rojacherhütte errichtet. Der von uns im folgenden ausgewertete Apparat „Hoher Sonnblick" wird seit 10. September 1929 betrieben. Er steht an der als am geeignetsten befundenen Stelle in 3080 m in der nächsten Nähe des in 3106 m Höhe gelegenen Observatoriums.

Als passende Stelle für einen Schneepegel wurde die 2990 m hohe Fleißscharte angenommen. Nach [3] erfolgen die Ablesungen dieses Pegels seit 1. Januar 1927.

Nach Überwindung anfänglicher und kriegsbedingter Schwierigkeiten gelang es, seit 1946 möglichst verläßliche, jedenfalls ständig überprüfte Meßserien mit den genannten Geräten zu erhalten. Keineswegs soll den älteren vorhandenen Daten ihr voller Wert abgesprochen werden. Doch sei der vorliegenden Abhandlung der geschlossene 25jährige Zeitraum 1946 bis 1970 zugrunde gelegt.

Die Wahl dieser Periode erscheint auch deshalb als günstig, weil für sie die tägliche Klassifikation der Wetterlage nach dem System ostalpiner Wetterlagen vorliegt [4].

3. Charakteristik der 25 Schneehaushaltsjahre

Eine erste Übersicht über den Ablauf der einzelnen Schneehaushaltsjahre von Oktober des Vorjahres bis einschließlich September des Hauptjahres vermittelt Tab. 1.

Tabelle 1. Charakteristik der 25 Schneehaushaltsjahre 1945/46 bis 1969/70 auf dem Sonnblick auf Grund der Schneepegelablesungen auf der Fleißscharte

D = Datumszahl, (D) = spätestes Datum der größten Schneehöhe, F = Firnrest am Pegel (cm), FT = Firnrest nach H. Tollner [5], d = Dichte des Firnrestes nach Angaben in [5]

Jahr	Beginn Tag	D	cm	Maximale Schneehöhe Tag	D	(D)	Ende Tag	D	F	FT	d
45/46	23. 9.	266	475	25. 2.	56	68	19. 9.	262	0	?	?
46/47	5. 10.	278	490	11. 4.	101		29. 9.	272	0	?	?
47/48	26. 10.	299	630	16. 2.	47		4. 10.	277	150	340?	0,40?
48/49	5. 10.	278	385	27. 5.	147		24. 10.	297	0	20	0,69
49/50	28. 10.	301	750	28. 4.	118	121	20. 8.	232	0	50	?
50/51	16. 9.	259	958	17. 5.	137		22. 9.	265	250	250	0,69
51/52	23. 9.	266	740	27. 3.	86		8. 9.	251	10	10	0,69
52/53	9. 9.	252	620	9. 5.	129	130	24. 10.	297	25	25	0,67
53/54	25. 10.	298	610	19. 5.	139	142	20. 9.	263	138	200	0,62
54/55	21. 9.	264	514	14. 6.	165	166	13. 9.	256	290	300	0,58
55/56	14. 9.	257	475	28. 6.	179		3. 10.	276	150	200	0,64
56/57	4. 10.	277	630	21. 4.	111	112	20. 10.	293	210	195	0,58
57/58	21. 10.	294	670	16. 3.	75		17. 9.	260	80	80	0,64
58/59	18. 9.	261	495	3. 5.	123		22. 10.	295	140	140	0,66
59/60	23. 10.	296	870	2. 5.	122		7. 10.	280	230	375	0,66
60/61	8. 10.	281	720	22. 5.	142		6. 10.	279	320	434	0,60
61/62	7. 10.	280	800	21. 5.	141	148	7. 10.	280	300	?	?
62/63	8. 10.	281	300	20. 5.	140	146	12. 8.	224	0	164	0,59
63/64	26. 9.	269	270	6. 5.	126		13. 9.	256	0	0	—
64/65	19. 9.	262	430	11. 5.	131		29. 10.	302	260	286	0,56
65/66	11. 11.	315	360	29. 5.	149		1. 10.	274	100	272	0,60
66/67	13. 10.	286	685	16. 6.	167		3. 10.	276	200	190	0,65
67/68	4. 10.	277	280	28. 1.	28	29	30. 9.	273	160	0	—
68/69	1. 10.	274	390	21. 2.	52	53	6. 10.	279	0	0	—
69/70	24. 10.	297	380	3. 6.	154		30. 9.	273	15	?	?
D	5. 10.	278	557	29. 4.	119		28. 9.	271	115		
M	9. 9.	252	958	28. 6.	179		29. 10.	302	320		
m	11. 11.	315	270	28. 1.	28		12. 8.	224	0		

D = Durchschnitt, M und m = Extremwerte.

1946/47: aper 30. Sept., 5.—15. Okt., 23.—25. Okt.
1949/50: aper 21.—31. Aug., 8.—15. Sept.
1962/63: aper 13.—15. Aug., 16.—21. und 23.—25. Sept.
1964/65: Neuschnee wieder weggeschmolzen: 2.—3. und 9.—10. Nov.
1965/66: Neuschnee wieder weggeschmolzen: 4.—12. Okt.
1967/68: Schon vom 10.—16. Juli betrug die Schneehöhe nur 50 cm. Man hätte die Pegelzählung auch bereits am 17. Juli beginnen können.

In den Jahren 1956, 60, 62, 65, 66 und 67 unterscheidet sich die Festlegung des neuen Pegelnulls um einige Tage von den in den Jahrbüchern der ZAfMuG genannten Terminen.

Es wäre wenig sinnvoll, darnach zu fragen, wie oft die verschiedenen Hänge des Sonnblickgipfels schneefrei sind. Auf dem relativ flachen Gelände der Fleißscharte trat Ausaperung in dem Sinne, daß der Firnrest des vergangenen Schneehaushaltjahres 0 war, nach den Ablesungen am Pegel nur in 7 von 25 Jahren auf. Im Durchschnitt wurde dort eine Firnresthöhe von 115 cm errechnet. Der Maximalwert betrug 320 cm am 6. Oktober 1961.

Der Beginn des neuen Haushaltsjahres war im Mittel der 5. Oktober, im Jahre 1966 sogar erst der 11. November. Hingegen setzte der Aufbau der neuen Schneelage im Jahre 1952 schon am 9. September ein und im Jahre 1968 eigentlich schon am 17. Juli. Mehr aus konventionellen Gründen wurde das neue Pegelnull mit 1. Oktober 1968 festgesetzt.

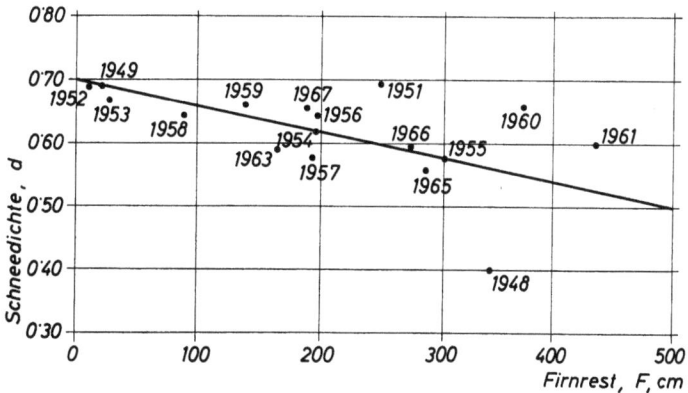

Abb. 1. Statistischer Zusammenhang zwischen den Höhen der Firnreste auf dem Sonnblick in cm und den Dichtewerten. Angenähert gilt d = 0,70 − 0,0004 F. (Die Zahlen in den Kreisen bedeuten die Meßjahre.)

Die größte Schneehöhe errechnet sich zu durchschnittlich 557 cm am 29. April, das Maximum der betrachteten Zeitspanne war 958 cm am 17. Mai 1951. Es wird noch beträchtlich übertroffen vom Höchstwert 1190 cm am 8. Mai 1944. Im letzten Jahrzehnt war die Schneemächtigkeit überwiegend relativ gering. Im Jahr 1963/64 wurden nur 270 cm erreicht. Meistens wird die maximale Schneehöhe auf dem Sonnblick im Mai notiert (12 von 25 Fällen). Viermal traf sie erst im Juni ein, spätestens am 28. Juni 1956, frühestens am 28. Januar 1968.

Der letzte Tag der Aperzeit oder das Datum der niedrigsten Schneelage war im Mittel der 28. September. Der Häufigkeit nach überwiegen sogar Oktober-Termine, August-Termine kamen nur zweimal vor. Die extremen Daten waren 12. August 1963 und 29. Oktober 1965.

Die Firnreste am Pegel sind zeitlich bestens fixierbar, doch örtlich vielleicht nicht immer repräsentativ. Die von H. Tollner im Rahmen seiner ständigen Gletscherüberwachungen bestimmten Firnreste auf der Fleißscharte können terminmäßig natürlich nicht immer die wahren Minima erfassen, sind aber örtlich nicht an eine einzige Stelle gebunden und können somit in Einzeljahren zutreffender sein. Für 21 Jahre ist ein Vergleich der Daten möglich und ergibt ein Mittel von 122 cm am Pegel, 168 cm nach H. Tollner, das ist um 38% mehr.

4. Dichte der Firnreste

Die Dichtewerte d nach H. Tollner aus Tab. 1 wurden in Abb. 1 als Funktion der von ihm angegebenen Mächtigkeit der Firnreste eingetragen. Bei geringen Schneeresten, wie 1949, 1952 und 1953 konvergieren die Dichtewerte gegen rund 0,70. Bei großen Firnresten ist die Streuung der gemessenen Dichtewerte erheblich. Hierfür können meßtechnische Schwierigkeiten, die Wahl des Zeitpunktes der Messung, insbesondere aber auch die jeweilige jüngste Witterungsgeschichte maßgebend sein.

Wir nehmen für F = 500 cm der Einfachheit halber eine Dichte von 0,50 an und benützen die Näherungsformel

$$d = 0{,}70 - 0{,}0004\, F.$$

Für die durchschnittliche Firnresthöhe beim Pegel von F = 115 cm errechnet man hieraus einen Dichtewert von d = 0,654 und den Wasserwert des Firnrestes zu 1150 × 0,654 = 752 mm. Für 1961, das Jahr des größten Firnrestes beim Pegel, gilt F = 320, d = 0,572 und 1830 mm Wasserwert.

Um Dichtewerte für andere Zeiten des Schneehaushaltsjahres zu erhalten, müssen nun zunächst die Niederschlagsverhältnisse auf dem Sonnblick dargelegt werden.

5. Niederschlagsmengen

Totalisator-Niederschläge: Tab. 2 gibt die Monats- und Jahressummen des Niederschlags auf Grund der auf volle Kalendermonate umgerechneten Meßdaten des Totalisators „Hoher Sonnblick", 3080 m, wieder.

Man erhält für die 25jährige Periode 1946—1970 einen relativ hohen durchschnittlichen Jahreswert von 2700 mm mit einem wenig ausgeprägten Höchstwert im Juli von 266 mm und einem Tiefstwert von 154 mm im Oktober. Das niederschlagsreichste Jahr war 1966 mit 3616 mm, das niederschlagsärmste 1969 mit 1908 mm. 560 mm im März 1966 und 0 mm im Oktober 1965 waren die Monatsextreme.

Niederschlag in fester und flüssiger Form: Den Tageswerten des Niederschlags am Observatorium wird stets angefügt, in welcher Form der Niederschlag gefallen ist. Gemischter Niederschlag wird zur Hälfte als fest, zur Hälfte als flüssig gerechnet, was im Einzelfall unzutreffend sein mag, statistisch aber als erprobt richtig gelten kann. Monatsweise wird sodann abgerechnet, welcher Prozentsatz in flüssiger und welcher in fester Form fiel. Eine Zusammenstellung dieser Daten für 1946 bis 1970 findet man in Tab. 3.

Tabelle 2. Monats- und Jahresniederschlag in mm Wasserwert auf Grund der Ablesungen am Totalisator „Hoher Sonnblick", 3080 m, in den Jahren 1946 bis 1970

Jahr	Jan.	Febr.	März	Apr.	Mai	Juni	Juli	Aug.	Sept.	Okt.	Nov.	Dez.	Jahr
1946	68	459	156	76	177	140	247	423	108	204	153	44	2255
1947	156	123	318	95	135	264	265	120	230	154	215	195	2270
1948	259	425	127	109	209	401	348	247	177	141	53	147	2643
1949	463	90	265	200	247	141	371	194	157	107	184	148	2567
1950	250	239	132	205	86	159	284	250	300	165	182	175	2427
1951	432	253	175	223	165	213	189	167	111	43	377	189	2537
1952	125	143	195	74	148	215	178	226	210	308	242	131	2195
1953	151	92	100	300	114	266	154	382	154	138	32	138	2021
1954	258	39	132	258	232	234	405	215	148	215	184	392	2712
1955	90	161	89	347	343	229	292	193	168	217	211	392	2732
1956	105	190	410	388	166	356	146	221	157	332	214	232	2917
1957	250	286	100	340	143	428	393	393	125	46	89	78	2671
1958	321	282	238	103	91	287	195	237	163	323	197	280	2717
1959	220	200	140	260	460	300	360	300	25	100	60	360	2785

Tabelle 2 (Fortsetzung)

Jahr	Jan.	Febr.	März	Apr.	Mai	Juni	Juli	Aug.	Sept.	Okt.	Nov.	Dez.	Jahr
1960	480	200	300	220	180	180	380	200	220	300	**400**	160	3220
1961	140	360	320	240	420	200	350	230	40	100	180	260	2840
1962	280	240	250	480	360	340	160	100	180	140	100	304	2934
1963	168	90	212	180	196	152	300	224	176	120	300	16	2134
1964	68	340	188	280	272	240	200	195	172	308	315	260	2838
1965	320	192	136	**516**	300	**468**	224	248	**468**	0	248	400	3520
1966	368	180	560	312	360	264	224	360	48	92	316	**532**	**3616**
1967	**500**	260	**576**	400	260	100	168	160	160	100	112	408	3204
1968	400	200	236	200	196	200	244	368	244	44	152	220	2704
1969	380	68	108	196	80	256	192	292	36	40	132	128	1908
1970	60	380	288	320	404	120	368	**440**	180	116	208	236	3120
Mittel	253	220	230	253	230	246	**266**	255	166	154	194	233	2700
Max.	500	459	576	516	460	468	405	440	468	332	400	532	3616
Min.	60	39	89	74	80	100	146	100	25	0	32	16	1908

Tabelle 3. Anteil des Regens am Gesamtniederschlag auf dem Sonnblick

% = Prozentanteil der Regens am Gesamtniederschlag nach den täglichen Ombrometermessungen auf dem Sonnblick. R = Regenniederschlag in mm, berechnet aus den genannten %-Zahlen und den Totalisatorwerten der Tab. 2

Jahr		Mai	Juni	Juli	Aug.	Sept.	Okt.	Jahr
1946	%	—	10	25	25	19	—	9,0
	R	—	14	62	106	21	—	203
1947	%	—	16	61	54	29	—	14,8
	R	—	42	162	65	67	—	336
1948	%	—	6	7	46	20	—	7,4
	R	—	24	24	114	35	—	197
1949	%	4	—	39	50	7	14	10,8
	R	10	—	144	97	11	15	277
1950	%	—	—	44	53	20	—	13,0
	R	—	—	123	132	60	—	315
1951	%	—	12	33	48	37	—	8,2
	R	—	25	62	80	41	—	208
1952	%	—	27	63	46	17	—	14,2
	R	—	58	112	104	36	—	310
1953	%	5	35	66	37	18	**16**	**19,3**
	R	6	933	101	141	28	**22**	391
1954	%	—	41	17	34	12	—	9,6
	R	—	108	69	73	18	—	261
1955	%	—	8	36	40	30	—	9,2
	R	—	17	105	77	50	—	250
1956	%	1	5	28	36	32	—	6,7
	R	2	2	41	79	50	—	197
1957	%	—	58	7	47	3	—	17,3
	R	—	**248**	27	184	4	—	**463**
1958	%	2	3	52	41	54	5	11,5
	R	2	9	101	97	**88**	16	313
1959	%	—	21	**69**	33	**59**	—	15,0
	R	—	63	**248**	99	10	—	420
1960	%	—	41	15	16	20	—	6,4
	R	—	74	57	32	44	—	207

Tabelle 3 (Fortsetzung)

Jahr		Mai	Juni	Juli	Aug.	Sept.	Okt.	Jahr
1961	%	—	17	28	16	53	5	6,8
	R	—	34	98	37	21	5	195
1962	%	—	19	34	62	15	—	7,1
	R	—	64	54	62	27	—	207
1963	%	—	25	56	39	32	1	16,4
	R	—	38	168	87	56	1	350
1964	%	5	51	29	18	16	—	9,0
	R	14	122	58	35	27	—	256
1965	%	—	7	43	12	11	—	6,0
	R	—	33	96	30	51	—	210
1966	%	11	14	23	42	21	16	8,3
	R	40	37	49	151	10	15	302
1967	%	1	1	46	47	34	2	6,6
	R	3	1	77	75	54	2	212
1968	%	14	14	21	35	13	—	9,7
	R	27	28	49	129	31	—	264
1969	%	2	9	40	28	35	—	10,3
	R	2	23	77	82	13	—	197
1970	%	—	16	38	41	36	—	13,0
	R	—	19	140	180	68	—	407
Durch-	R	4	48	92	94	36	3	277
schnitt	%	1,7	18,7	34,6	36,9	21,7	1,9	10,3

Im Durchschnitt erreicht der flüssige Niederschlag auf dem Sonnblick 10,3%. Nur in der Zeit von Mai bis Oktober trat flüssiger Niederschlag auf, im August betrug sein durchschnittlicher Anteil 36,9%. Auch im September kann es noch relativ viel Regen geben, im September 1959 waren es sogar 96% des Monatsniederschlags. Hingegen fiel in 18 von 25 Oktobermonaten nur Schnee.

6. Formel zur Vorhersage des Firnrestes

Wir haben nun das für die folgende rohe Abschätzung nötige Grundmaterial beisammen: Vom 5. Oktober, dem durchschnittlichen Beginn der neuen Pegelzählung laut Tab. 1 bis zum 29. April des Folgejahres, dem durchschnittlichen Tag der größten Schneehöhe, fallen — interpoliert und aufsummiert aus den Zahlen D der Tab. 2 — durchschnittlich 1509 mm Niederschlag. Hiervon brauchen wir gemäß Tab. 3 nur 3 mm abzuziehen, die im Oktober im Mittel als Regen fallen. Falls keine Verluste eingetreten sind, stecken im Durchschnittswert von 557 cm maximaler Schneehöhe am 29. April demnach maximal 1506 mm Niederschlag. Die Dichte der Schneelage ist dann durchschnittlich

$$150,6 : 557 = \mathbf{0{,}270}.$$

Bis 28. September, dem durchschnittlichen Ende des Schneehaushaltsjahres, verdichtet sich der Schnee auf das **2,42**fache (Firndichte für durchschnittlich 115 cm Firnrest war nach den Messungen von H. Tollner 0,654 und 0,654 : 0,270 = 2,42).

Vom 29. April bis 28. September fallen durchschnittlich 1160 mm Niederschlag, davon 876 in fester und 284 in flüssiger Form. In den meisten Jahren wird dieser spätere Niederschlag im Firnrest nicht vorhanden sein. Ausnahmsjahre wie 1948 und besonders 1968 kommen noch zur Sprache. Aber sogar ein Teil des Schnees, der zur Zeit des Schneehöhenmaximums vorhanden war, wird für den Firnrest verlorengegangen sein, unter Umständen ja auch aller Schnee. Wir können den durchschnittlich eintretenden Verlust x leicht nach folgender Gleichung abschätzen:

$$557 - x = 115 \cdot 2{,}42.$$

Der Firnrestschnee war ja am 29. April 2,42mal so hoch. Hieraus folgt $x = 278$ und mit den Bezeichnungen F = Firnresthöhe und S_{max} = maximale Schneehöhe schließlich versuchsweise die vorläufige Relation

$$F = 0{,}413\, S_{max} - 115.$$

Es ist 0,413 der Reziprokwert von 2,42 und $278 : 2{,}42 = 115$.

Eine Mindesthöhe von 278 cm ist nach dieser Relation nötig, damit ein Firnrest übrig bleibt. Im Jahre 1951 errechnet sich für $S_{max} = 958$ ein Wert für $F = 280$ cm. Tatsächlich verblieben beim Pegel 250 cm. Doch gibt es auch Jahre mit beträchtlichen Diskrepanzen zwischen Rechnung und Beobachtung (siehe Tab. 4), und der Korrelationskoeffizient beträgt nur $r = 0{,}496 \pm 0{,}151$.

Immerhin besteht eine klare positive Korrelation zwischen der maximalen Schneehöhe des Haushaltsjahres und der verbleibenden Firnresthöhe.

Tabelle 4. Vergleich der Firnresthöhen (F in cm) am Pegel Fleißscharte und der von H. Tollner bestimmten Höhen (FT) mit den aus der maximalen Schneehöhe (S_{max}) und auch dem Datum des letzten Eintritts der maximalen Schneehöhe (D) errechneten Werten F(S) bzw. F(S, D)

Die beiden Berechnungsgleichungen findet man im Text

Jahr	S_{max}	D	F (S)	F (S, D)	F	FT
1946	475	68	81	0	0	?
1947	490	101	87	31	0	?
1948	630	47	145	0	150	340?
1949	385	147	44	123	0	20
1950	750	121	195	198	0	50
1951	958	137	280	330	250	250
1952	740	86	190	90	10	10
1953	620	130	141	170	25	25
1954	610	142	137	202	138	200
1955	514	166	97	232	290	300
1956	475	179	81	253	150	200
1957	630	112	145	122	210	195
1958	670	75	162	30	80	80
1959	495	123	90	99	140	140
1960	870	122	244	250	230	375
1961	720	142	182	247	320	434
1962	800	148	216	298	300	?
1963	300	146	9	87	0	164
1964	270	126	0	18	0	0
1965	430	131	63	95	260	286
1966	360	149	34	119	100	272
1967	685	167	168	305	200	190
1968	280	29	1	0	160	0
1969	390	52	46	0	0	0
1970	380	154	42	142	15	?
Mittel	557	120	115	138	115	?

Durch Vergleich der Zahlen in den Spalten D, F(S) und F der Tab. 4 erkennt man folgendes: Im allgemeinen ist der wahre Firnrest beim Pegel kleiner als der aus der vorläufigen Relation errechnete Wert F(S), wenn das Datum der maximalen Schneehöhe verfrüht ist, und umgekehrt größer, wenn das Datum verspätet ist. Dies ist vielleicht dadurch erklärbar, daß früh gefallene Schneemassen einem längeren Abschmelzzeitraum unterliegen als spät gefallene.

In den Jahren 1948 und 1968 war die größte Schneehöhe bereits so früh erreicht, daß die bedeutenden Firnreste von 150 bzw. 160 cm offenbar erst sommerlichen Schneefällen ihre Herkunft verdanken. Diese vorherzusagen, ist jedoch langfristig kaum möglich.

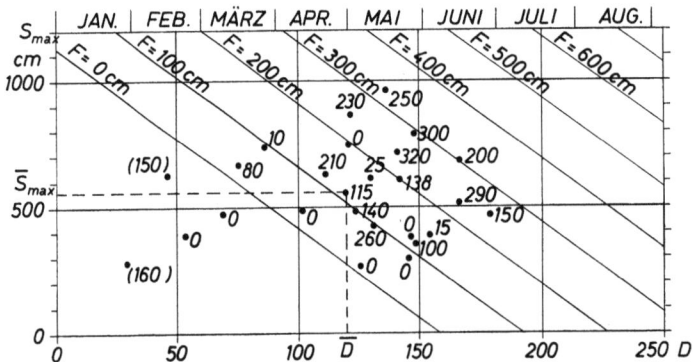

Abb. 2. Firnresthöhe in cm auf der Fleißscharte in Beziehung zu den maximalen Schneehöhen des letzten Winters S_{max} in cm (Ordinate) und den zugehörigen Datumszahlen D (Abszisse). Die Isolinien geben die Funktion $F = 0{,}413\, S_{max} + 2{,}93\, D - 467$ wieder. Die Punkte entsprechen den Daten der 25 Einzeljahre, die Zahlen daneben den tatsächlichen Firnresten (vgl. Tab. 4).

Hingegen kann in normaleren Jahren die Berechnung des Firnrestes etwas verbessert werden, wenn man die Länge der möglichen Abschmelzperiode folgendermaßen in roher Weise ins Kalkül zieht: Zwischen den Durchschnittsdaten 271 des Endes des Haushaltsjahres und 120 der vom Höchstwert absinkenden Schneemächtigkeit liegen 151 Tage. In diesen Tagen sinkt die Schneehöhe von 557 cm auf 115 cm, d. i. um 442 cm oder roh berechnet um 2,93 cm/Tag.

Versuchen wir also eine verbesserte Relation

$$F(S_{max}, D) = F(S_{max}) + 2{,}93\,(D - 120)$$

oder nach leichter Umformung

$$F(S_{max}, D) = 0{,}413\, S_{max} + 2{,}93\, D - 467,$$

wobei D hier stets die Datumszahl des Tages der größten Schneehöhe, gezählt vom Jahresanfang, ist.

Auch die Werte F (S, D) findet man für jedes der 25 Jahre in Tab. 4 und auch in der graphischen Darstellung der verbesserten Firnrestfunktion in Abb. 2. In dieser sind die Angaben für die Jahre 1948 und 1968 aus den bereits besprochenen Gründen in Klammern gesetzt. Noch weitere Jahre passen schlecht in das Funktionsbild. Immerhin hat sich der Korrelationskoeffizient zwischen den errechneten und den beim Pegel beobachteten Firnresten nunmehr auf

$$r = +\,0{,}611 \pm 0{,}125$$

verbessert.

Man kann auch die beiden Berechnungsarten kombinieren und die berechneten Firnreste F (S) und F (S, D) dann halbieren. Der Korrelationskoeffizient erhöht sich dabei noch ein wenig auf r = + 0,625 ± 0,122.

Hauptzweck der Methode ist es jedenfalls, Aussagen darüber zu gewinnen, wieviel Firn aus der Ablagerung im Winterhalbjahr den Sommer überdauern kann.

In einem späteren Kapitel werden wir die Frage behandeln, welchen Einfluß die sommerlichen Wetterlagen auf den Firnrest haben. Zunächst aber erweitern wir die statistischen Betrachtungen über Niederschlag, Schneehöhe und Schneedichte.

7. Schneehöhen und fester Niederschlag

Jahresgang der Schneehöhe: In Tab. 5 sind die Schneehöhen in cm am Monatsersten jedes Monats der Jahre 1946 bis 1970 wiedergegeben. Diese Liste ist eine Fortsetzung der Zusammenstellungen in [3] und [6]. Unsere Daten sind ausschließlich den Extensoveröffentlichungen in den Jahrbüchern der Zentralanstalt für Meteorologie und Geodynamik entnommen.

Summenkurven des festen Niederschlags in den 25 Schneehaushaltsjahren: In Tab. 6 beginnt die Aufsummierung des Schneeniederschlags in mm Wasserwert einheitlich mit 1. Oktober. Die Ergänzungswerte zu Tab. 2 für 1945 lauten: Oktober 53 mm, November 88 mm, Dezember 388 mm, wobei aller Niederschlag in fester Form fiel.

Flüssige Niederschläge in den Monaten Oktober und Mai bis September laut Tab. 3 wurden von den Monatswerten des Gesamtniederschlags gemäß Tab. 2 abgezogen, also in den Summenwerten nicht berücksichtigt, obwohl der Regen mitunter in der Schneedecke absorbiert worden sein kann.

Tabelle 5. Schneehöhen in cm auf dem Sonnblick am Ersten jedes Monats der Jahre 1946 bis 1970

Jahr	Jan.	Febr.	März	April	Mai	Juni	Juli	Aug.	Sept.	Okt.	Nov.	Dez.
1946	280	320	470	430	375	355	310	125	40	0	60	285
1947	285	275	303	425	450	455	300	70	34	15	7	180
1948	375	450	570	530	530	475	440	336	185	2	50	45
1949	110	200	230	280	280	340	280	150	55	38	20	160
1950	340	495	570	640	750	590	350	80	1	28	35	150
1951	290	**722**	**830**	**900**	**930**	**880**	**670**	415	252	25	50	310
1952	260	450	580	650	590	665	530	260	20	130	**197**	**360**
1953	385	360	372	360	570	410	270	108	60	28	64	55
1954	170	400	372	420	512	570	270	240	170	90	115	160
1955	226	222	374	356	425	488	429	336	300	62	153	150
1956	194	251	178	304	430	376	460	354	260	0	100	130
1957	190	370	430	410	550	350	280	220	220	230	35	80
1958	160	290	480	450	380	170	210	130	110	27	110	110
1959	240	240	280	370	470	390	320	140	160	140	70	130
1960	330	434	560	660	860	610	380	350	230	0	70	230
1961	400	500	480	500	580	640	530	**470**	**430**	330	35	157
1962	300	410	400	450	570	750	580	460	340	0	70	240
1963	240	210	200	210	250	275	200	80	20	15	5	140
1964	150	160	170	180	250	220	160	20	20	10	180	220
1965	210	200	250	340	420	400	290	220	150	0	1	130
1966	190	200	190	300	270	340	240	180	210	0	52	280
1967	**460**	360	280	460	530	600	590	320	180	0	45	90

Tabelle 5 (Fortsetzung)

Jahr	Jan.	Febr.	März	April	Mai	Juni	Juli	Aug.	Sept.	Okt.	Nov.	Dez.
1968	140	240	170	180	180	170	120	150	150	10	25	90
1969	180	290	370	360	350	130	160	70	80	20	5	110
1970	90	110	220	230	310	360	240	160	90	18	70	90
Mittel	248	326	373	416	472	440	344	218	151	49	65	163
Ergänzung für 1945:										135	125	150

Tabelle 6. Fortschreitende Summen des festen Niederschlags in mm Wasserwert auf Grund der Messungen mit dem Totalisator Hoher Sonnblick, 3080 m, in den Schneehaushaltsjahren 1945/46 bis 1969/70 (Oktober bis September)

Unter September steht die Gesamtmenge festen Niederschlags im betreffenden Schneehaushaltsjahr, daneben unter Summe die Gesamtmenge aller festen und flüssigen Niederschläge dieses Zeitraums

Jahr	Okt.	Nov.	Dez.	Jan.	Febr.	März	April	Mai	Juni	Juli	Aug.	Sept.	Summe
1945/46	53	88	388	456	915	1071	1147	1324	1450	1635	1952	2039	2242
1946/47	204	357	401	557	680	998	1093	1228	1450	1553	1608	1771	2107
1947/48	154	369	564	823	1248	1375	1484	1693	2070	2394	2527	2669	2866
1948/49	141	194	341	804	894	1159	1359	1596	1737	1964	2061	2207	2468
1949/50	92	276	424	674	913	1045	1250	1336	1495	1656	1774	2014	2344
1950/51	165	347	522	954	1207	1382	1605	1770	1958	2085	2172	2242	2450
1951/52	43	420	609	734	877	1072	1146	1294	1451	1517	1639	1813	2123
1952/53	308	550	681	832	924	1024	1324	1432	1605	1658	1899	2025	2394
1953/54	116	148	286	544	583	715	973	1202	1338	1674	1816	1946	2229
1954/55	215	399	791	881	1042	1131	1478	1821	2032	2219	2335	2453	2703
1955/56	217	428	820	925	1115	1525	1913	2077	2408	2513	2655	2762	2959
1956/57	332	546	778	1028	1314	1414	1754	1897	2077	2443	2652	2773	3236
1957/58	46	135	213	534	816	1054	1157	1246	1524	1618	1758	1833	2130
1958/59	307	504	784	1004	1204	1344	1604	2064	2301	2413	2614	2615	3065
1959/60	100	160	520	1000	1250	1500	1720	1900	2006	2329	2497	2673	2880
1960/61	300	700	860	1000	1360	1680	1920	2340	2506	2758	2951	2970	3160
1961/62	95	275	535	815	1055	1305	1785	2145	2421	2527	2565	2718	2930
1962/63	140	240	544	712	802	1014	1194	1390	1504	1636	1773	1893	2242
1963/64	119	419	435	503	843	1031	1311	1569	1687	1829	1989	2134	2391
1964/65	308	623	883	1203	1395	1531	2047	2347	2782	2910	3128	3545	3755
1965/66	0	248	648	1016	1196	1756	2068	2388	2615	2790	2999	3037	3324
1966/67	77	393	925	1425	1685	2261	2661	2918	3017	3108	3193	3299	3528
1967/68	98	210	618	1018	1218	1454	1654	1823	1995	2190	2429	2642	2908
1968/69	44	196	416	796	864	972	1168	1246	1479	1594	1804	1827	2024
1969/70	40	172	300	360	740	1028	1348	1752	1853	2081	2341	2453	2860
Mittel	151	345	578	831	1051	1281	1534	1760	1958	2132	2293	2422	2700

8. Jahresgang der Schneedichte auf dem Sonnblick

Es bedarf keiner Beweisführung, welche wasserwirtschaftliche Bedeutung die Kenntnis der Dichte und damit des Wassergehalts der Schneedecke besitzt. Es wurde daher in Tab. 7 der generelle Versuch unternommen, aus allen zusammengehörigen Wertepaaren der Tab. 5 und 6 die Schneedichte zu berechnen. Die Rechnung verliert natürlich in der Abschmelzperiode ihren Sinn, da dann in der Schneedecke nicht mehr der aufsummierte Wert festen Niederschlags steckt.

Tabelle 7. Schneedichte (Einheit 10^{-3}) auf dem Sonnblick, versuchsweise errechnet aus den ab Oktober aufsummierten Monatsmengen festen Niederschlags (Tab. 6) und den Schneehöhen des nachfolgenden Monatsersten (Tab. 5)

(— = Rechenwert über der Eisdichte 0,913)

Jahr	1. 11.	1. 12.	1. 1.	1. 2.	1. 3.	1. 4.	1. 5.	1. 6.	1. 7.	1. 8.	1. 9.
1945/46	43	59	138	142	195	249	317	373	470	—	—
1946/47	340	125	141	203	224	234	243	270	483	—	—
1947/48	—	205	150	185	219	260	280	357	471	—	—
1948/49	282	432	309	402	386	414	485	470	621	—	—
1949/50	460	173	125	136	160	164	167	227	428	—	—
1950/51	473	231	180	132	146	153	173	201	292	823	—
1951/52	86	135	234	163	151	165	194	185	274	—	—
1952/53	157	153	171	231	248	285	232	350	595	—	—
1953/54	182	270	168	136	157	170	190	212	495	—	—
1954/55	187	249	350	397	279	318	348	375	475	740	—
1955/56	142	285	421	370	628	503	446	554	524	—	—
1956/57	332	421	409	277	305	346	319	543	743	—	—
1957/58	131	169	133	184	170	234	305	732	725	—	—
1958/59	279	459	327	418	430	363	341	532	720	—	—
1959/60	143	123	158	231	215	227	200	311	529	—	—
1960/61	429	305	215	200	284	336	331	366	475	642	884
1961/62	272	107	178	198	264	290	313	286	418	745	—
1962/63	200	100	227	339	400	483	478	506	752	—	—
1963/64	—	299	289	313	496	574	525	713	—	—	—
1964/65	171	284	421	600	558	451	489	586	—	—	—
1965/66	—	191	342	508	632	587	764	704	—	—	—
1966/67	148	140	201	396	603	494	502	486	514	—	—
1967/68	218	234	441	424	717	804	—	—	—	—	—
1968/69	176	218	231	275	233	270	334	—	—	—	—
1969/70	800	156	333	328	337	447	436	487	773	—	—
Mittel	(254)	224	253	289	338	354	352	429	519	(738)	(884)

Rechenbeispiel: Der Totalisator Hoher Sonnblick fing im Oktober 1945 einen Niederschlag entsprechend 53 mm Wasserwert auf. Regen fiel in diesem Monat nicht. Am 1. November 1945 wurde am Schneepegel eine Schneehöhe von 125 cm abgelesen. Rechnerisch ergibt sich die Schneedichte zu 5,3 : 125 = 0,043 oder in der Einheit 10^{-3} 043. Dieser Wert ist sicher zu niedrig.

Fehlerquellen der Berechnungen für Tab. 7 sind: a) Verwehungen in positivem und negativem Sinne am Pegel, b) vereinzelt mögliche Störungen durch Unbefugte am Pegel und am Totalisator, c) Windwirkung am Totalisator, d) je nach Luftströmungsrichtung verschiedene Beeinflussung der beiden Geräte.

Beide Aufstellungsplätze sind nach bestem Wissen ausgewählt worden. Man findet die Zweckmäßigkeit der Platzwahl nachträglich in der sehr befriedigenden Kohärenz zwischen Schneehöhen und Niederschlägen in erfreulichem Maße bestätigt. Natürlich kann man bei weitem nicht jeder einzelnen Zahl der Tab. 7 vertrauen, im Mittel aber doch brauchbare Werte gewinnen.

Auf die von Julius von Hann so gepriesene „reinigende Kraft des Mittelwerts" vertrauend haben wir in Tab. 8 eine Ordnung der Dichtewerte der Tab. 7 nach Monaten und nach Schneehöhen gewagt und ein befriedigendes Ergebnis erhalten.

Tabelle 8. Mittelwerte der Schneedichte (Einheit 10^{-3}) auf dem Sonnblick im Laufe des Schneehaushaltsjahres in Abhängigkeit von der Schneehöhe in m-Stufen

Datum Schneehöhe (m)	1. Nov.	1. Dez.	1. Jan.	1. Febr.	1. März	1. April	1. Mai	1. Juni	1. Juli
0— 1	291	261	333	—	—	—	—	—	—
1— 2	163	238	305	430	575	689	—	732	752
2— 3	—	177	236	326	463	483	563	610	634
3— 4	—	144	165	236	234	365	348	532	537
4— 5	—	—	203	186	238	294	373	338	490
5— 6	—	—	—	—	186	260	295	309	420
6— 7	—	—	—	—	—	179	—	291	292
7— 8	—	—	—	132	—	—	167	286	—
8— 9	—	—	—	—	146	153	200	201	—
9—10	—	—	—	—	—	—	173	—	—

Durch Multiplikation der Zahlen in Tab. 8 mit den Faktoren 0,5 bzw. 1,5 bzw. 2,5 usw. erhalten wir die Wasserwerte der Schneedecke (Tab. 9).

Tabelle 9. Mittelwerte des Wasserwerts der Schneedecke in mm auf dem Sonnblick im Laufe des Schneehaushaltsjahres in Abhängigkeit von der Schneehöhe in cm

Datum Schneehöhe (cm)	1. Nov.	1. Dez.	1. Jan.	1. Febr.	1. März	1. April	1. Mai	1. Juni	1. Juli
50	146	130	166	—	—	—	—	—	—
150	244	357	458	645	862	1034	—	1098	1128
250	—	442	590	815	1158	1208	1408	1525	1585
350	—	504	578	826	819	1278	1218	1862	1878
450	—	—	914	837	1071	1323	1678	1521	2205
550	—	—	—	—	1023	1430	1622	1700	2310
650	—	—	—	—	—	1164	—	1892	1898
750	—	—	—	990	—	—	1252	2145	—
850	—	—	—	—	1241	1300	1700	1712	—
950	—	—	—	—	—	—	1644	—	—

In Abb. 3 ist der Versuch gemacht, Schaubilder des durchschnittlichen Jahresganges der Schneedichte auf dem Sonnblick sowie der isoplethären Abhängigkeit von Schneedichte bzw. Wasserwert der Schneedecke von der Schneehöhe im Laufe des Schneehaushaltsjahres zu bieten.

Der Jahresgang der Durchschnittswerte der Schneedichte (Abb. 3 links oben) verläuft recht regelmäßig und mündet zwanglos in den Firndichtewert nach H. Tollner ein. In [8] waren durch Maria Roller erstmalig Normalwerte der Schneedichte für alle Höhen der Ostalpenländer berechnet worden. Etwa 7000 Einzelmessungen von 300 Meßstellen standen zur Verfügung, darunter 38 in Höhen über 2000 m. Die genannte Arbeit gab u. a. Veranlassung, daß die Zahl der Schneedichtemessungen in Österreich seither in starkem Maße erhöht wurde und auch mit größerer Regelmäßigkeit erfolgt. Dadurch wird die Bevorzugung bestimmter Wetterbedingungen zum Zeitpunkt der Messung vermindert, so daß eine Bearbeitung des neugewonnenen Materials repräsentative Ergebnisse erwarten läßt.

Auch unsere Berechnungen sind terminmäßig ohne Bevorzugung irgendeines Wetterzustandes gemacht und liefern das eindeutige Resultat, daß die Isoplethen in [8] in der

3000 m-Stufe nur für verfirnten Schnee Gültigkeit haben dürften. Unsere Dichtewerte sind vom Herbst bis zum Hochsommer wesentlich niedriger. Nach [8] müßte die durchschnittliche Schneedichte in 3000 m Höhe ganzjährig über 0,4 liegen. In Wahrheit wird dieser Wert erst Mitte Mai erreicht. Hingegen ist die Dichte im Spätsommer und Frühherbst meist größer, als man dem Diagramm in [8] entnehmen könnte.

In unserer Abb. 3, rechts oben, ist der Jahresgang des Wasserwertes der Schneedecke veranschaulicht. Er erreicht anfangs Juni einen Gipfelwert von durchschnittlich etwa 1900 mm und sinkt dann bis 1. Juli auf 1782, bis 1. August auf 1229, bis 1. September auf 920 und bis zum Ende des Schneehaushaltsjahres am 28. September auf 752 mm ab.

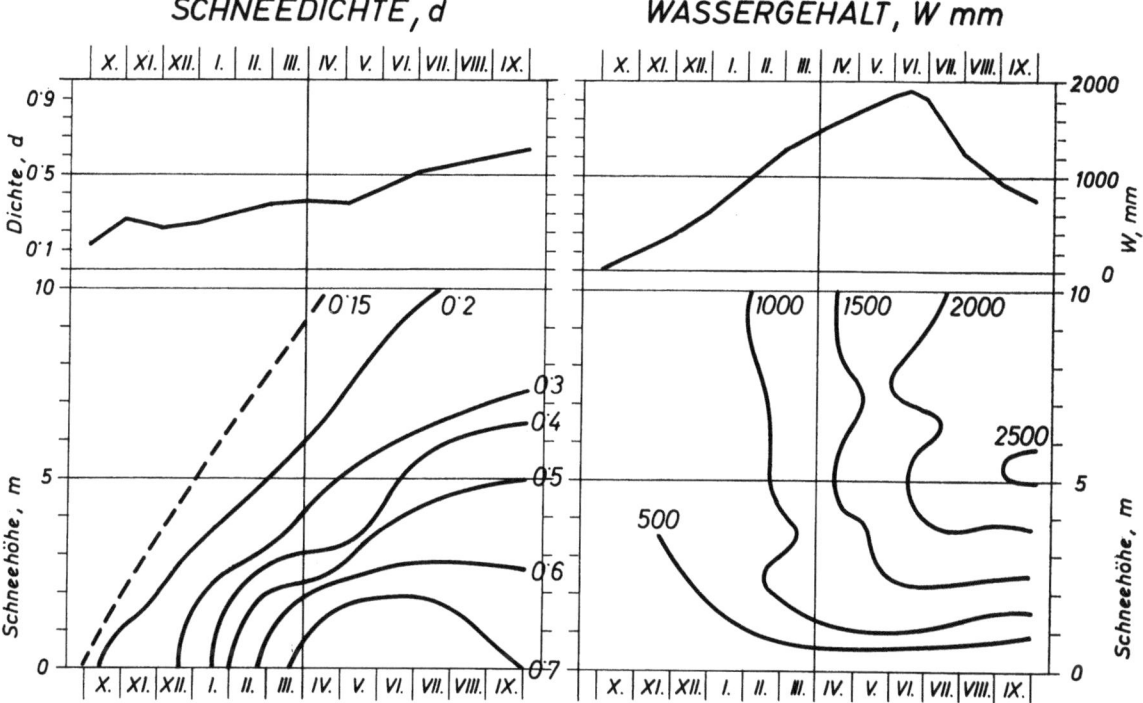

Abb. 3. Jahresgang der Schneedichte und des Wassergehalts der Schneedecke auf dem Sonnblick sowie Jahresisoplethen von Dichte und Wassergehalt in Abhängigkeit von den jeweiligen Schneehöhen in m.

Vom Jahresniederschlag von 2700 mm stehen 1948 mm für Abfluß und Verdunstung bereit, 752 mm wandern in den Gletscher.

Die beiden unteren Darstellungen in Abb. 3 sind Isoplethen der Schneedichte bzw. des Wassergehalts der Schneedecke mit der Zeit während des Schneehaushaltsjahres als Abszisse und der Schneehöhe als Ordinate. Die Linienführungen sind gewiß nicht endgültige — 25 Jahre sind gerade der Mindestzeitraum für eine derartige Betrachtung —, zeigen aber die grundsätzlich zu erwartenden Ergebnisse auf das deutlichste: Fast regelmäßig verlaufende Zunahme der Dichte für jede Schneelagenstufe im Laufe des Schneehaushaltsjahres zumindestens bis anfangs Juli. Die Firndichten am Ende des Haushaltsjahres sind eher etwas geringer, da im Firnrest mancher Jahre ein Anteil von Neuschnee der jüngsten Zeit beteiligt sein kann.

In jedem Monat verläuft außerdem die Abnahme der Schneedichte mit zunehmender Mächtigkeit der Schneelage recht regelmäßig und ist sogar außerordentlich stark. Bei extremen Schneehöhen von mehr als 6 m findet man Dichtewerte zwischen 0,13 und 0,29 als Rechenergebnis des Vergleiches zwischen Totalisator Hoher Sonnblick und Pegel Fleißscharte. Natürlich ist es schwierig zu sagen, ob die Daten dieser beiden Geräte auch in Extremfällen wirklich kohärent sind, aber mit gewisser Annäherung scheint dies schon der Fall zu sein.

Die Regel „geringe Schneehöhe, große Dichte, große Schneehöhe, geringe Dichte" zeitigt eine weitere Regel, nämlich, daß der Wassergehalt der Schneedecke wohl bei relativ kleinen Schneehöhen mit der Mächtigkeit der Decke zunimmt, nicht aber mehr bei großen Schneehöhen. Die Isolinien in Abb. 3, Bild rechts unten, verlaufen dementsprechend nur mit leichter Neigung nach links oben und konnten nur mit Unsicherheit gezeichnet werden.

Mit den Ergebnissen unserer vorliegenden Studie wäre die Abb. 2 in [9], Isoplethen der Schneedichte am 1. April in Abhängigkeit von Schneehöhe und Seehöhe im Bereich der 3000-m-Höhe auch völlig anders gezeichnet worden. Wenn zu dieser Zeit im Hochgebirge nur 1—2 m hoher Schnee liegt, so weist er im allgemeinen bereits große Dichte auf, während im Diagramm in [9] nur 0,3 angenommen wurde. Hingegen sind mächtigere Schneelagen viel weniger dicht, als dem genannten Diagramm zu entnehmen wäre. Die wasserwirtschaftlich wichtigen Schlußfolgerungen in [10] bleiben jedoch von den genannten Fehleinschätzungen der Dichtewerte in 3000 m zum 1. April unberührt, da zu diesem Zeitpunkt „abflußbereiter Niederschlag" nur aus Gebirgslagen von höchstens rund 2000 m zu erwarten ist.

9. Weitere Versuche zur Vorausberechnung des Firnrestes

Mit Hilfe der inzwischen gewonnenen Daten können weitere Fragen angeschnitten werden:

a) Besteht zwischen Firnresten und den Wasserwerten der Schneedecke zur Zeit der größten Schneelage vielleicht eine höhere Korrelation als zu den Schneehöhen selbst?

b) Wie groß ist der statistische Zusammenhang zwischen den Summen festen Niederschlags während der Akkumulationsperiode Oktober bis inklusive Mai und den Firnresten?

c) Wie groß ist dieser Zusammenhang zwischen den Niederschlägen in fester Form während der Abschmelzperiode Juni bis September?

Die erste Frage gibt eventuell Aufschluß darüber, ob der Wassergehalt der Schneedecke allein entscheidend ist oder ob es auch sehr darauf ankommt, ob er zur Zeit der höchsten Lage noch sehr locker, oder schon von der Vorgeschichte des winterlichen Witterungslaufes her verdichtet ist.

Ein Vergleich der Antworten zu den beiden anderen Fragen kann abzuklären helfen, wieweit der „Winterschnee" und wieweit der „Sommerschnee" am Firnrest beteiligt ist.

Schließlich sei auch eine Methode von H. Wakonigg [12] vorweg in die Untersuchung dieses Abschnittes mit einbezogen, weil sich die hiefür nötigen Daten zweckmäßig in Tab. 10 unterbringen lassen. Der „Wakonigg-Index" ist zur Beurteilung des Gletscherhaushalts bestimmt. Er wird aus der Häufigkeit der sommerlichen Wetterlagen (Juni bis September) nach der Klassifikation von F. Lauscher [4] gewonnen. Die Methodik wird später ausführlich erklärt werden. Zunächst mag es genügen, eine Korrelation zwischen diesem Index und den Firnresten am Fleißschartenpegel zu versuchen.

Aus den Zahlen für die Wasserwerte der einzelnen Jahre für den Firnrest beim Pegel (Tab. 10, Spalte d) und für den Zeitpunkt der größten Schneehöhe wird ein Korrelationskoeffizient

$$r = + 0{,}564 \pm 0{,}136$$

berechnet. Er ist deutlich größer als der Korrelationskoeffizient von $+ 0{,}496$ zwischen der Firnresthöhe und der größten Schneehöhe. Es ist demnach vorteilhaft, den Wasserwert

Tabelle 10. Wasserwerte in mm auf dem Sonnblick in den Schneehaushaltsjahren 1945/46 bis 1969/70

Jahr	a)	b)	c)	d)	WI
1945/46	969	1324	628	0	− 28,0
1946/47	1003	1228	543	0	− 7,5
1947/48	919	1693	976	960	0,5
1948/49	1543	1596	611	0	2,5
1949/50	1147	1336	678	0	− 48,5
1950/51	1840	1770	472	1500	− 26,0
1951/52	1070	1294	519	70	− 27,5
1952/53	1507	1432	593	172	− 49,0
1953/54	1023	1202	741	896	− 26,5
1954/55	1970	1821	632	1680	− 12,0
1955/56	2494	2077	685	960	− 27,5
1956/57	1609	1897	876	1276	− 25,0
1957/58	901	1246	587	536	− 36,5
1958/59	1721	2064	551	896	− 31,5
1959/60	1655	1900	773	1400	− 21,5
1960/61	2136	2340	630	1821	− 45,5
1961/62	2003	2145	573	1740	− 35,0
1962/63	1282	1390	503	0	− 37,5
1963/64	1385	1569	565	0	− 33,0
1964/65	2213	2347	1198	1560	3,0
1965/66	2310	2388	649	660	− 27,5
1966/67	2951	2918	381	1240	− 37,0
1967/68	959	1823	819	1024	− 13,5
1968/69	845	1246	581	0	− 24,5
1969/70	1730	1752	701	103	− 37,5
Mittel	1567	1760	662	740	− 26,1

a) Zur Zeit der größten Schneehöhe (Zeitpunkt D in Tab. 1).
b) Summe des festen Niederschlags von Oktober bis Mai.
c) Summe des festen Niederschlags von Juni bis incl. September.
d) Wasserwert des Firnrestes F beim Pegel am Schluß des Haushaltsjahres.
WI = „Wakonigg-Index" des Sommers (VI−IX). Erklärung hierzu im Texte.

Die Zahlenreihen b), c) und d) sind in Abb. 4 veranschaulicht.

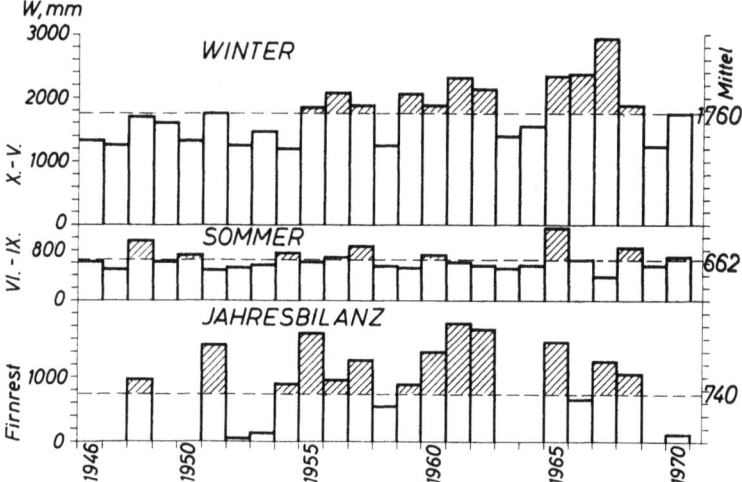

Abb. 4. Wasserwerte in mm des festen Niederschlags auf dem Sonnblick im „Winter" (X−V) und im „Sommer" (VI−IX) sowie des Firnrestes beim Pegel Fleißscharte am Ende der Schneehaushaltsjahre 1945/46 bis 1969/70.

der Schneedecke zu kennen, ihn allenfalls, wie hier, aus den Niederschlagsmessungen am Totalisator aufzusummieren. Freilich gibt die Berücksichtigung des Zeitpunkts der größten Schneehöhe noch höhere Korrelationskoeffizienten, u. zw., wie früher besprochen, Werte um 0,62.

Einen noch etwas höheren Korrelationskoeffizienten erhält man zwischen den Wasserwerten des Firnrestes und den Summen festen „Winter"-Niederschlags Oktober bis Mai, nämlich

$$r = + 0{,}646 \pm 0{,}117.$$

Es steht also außer Zweifel, daß die Höhe des in der Akkumulationszeit gefallenen Niederschlags für die Höhe des Firnrestes und dessen Wasserwert von überragender Bedeutung ist.

Von wesentlich geringerer Bedeutung ist der etwa in der Abschmelzperiode Juni bis September fallende „Sommer"-Niederschlag in fester Form. Der Korrelationskoeffizient zwischen den Spalten d) und c) der Tab. 10 ist zwar auch positiv, beträgt aber nur

$$r = + 0{,}311 \pm 0{,}181.$$

Seine Gültigkeit ist demnach zweifelhaft.

Ebenso ist der aus der Häufigkeit der einzelnen Wetterlagen im Sommer abgeleitete Index von H. Wakonigg für das Firnniveau der Sonnblickgletscher kaum anwendbar. Er bringt eine Korrelation von nur

$$r = + 0{,}162 \pm 0{,}195,$$

wenn man ihn auf die Firnreste der Haushaltsjahre beim Fleißschartenpegel anwendet.

Das Sommerwetter ist für die Zehrgebiete der Gletscher sicher in ganz anderem Maße wichtig wie für die Nährgebiete. Nur in extremen Jahren mag die Wirkung auf beide Gebiete parallel laufen. Für das starke Abschmelzen der Gletscherzungen ist viel Sonne und starke Verschmutzung der Oberfläche in langen schneefallfreien Perioden wichtig, für die Firnakkumulation in den Hochlagen aber in hohem Maße die Menge des in fester Form bereitgestellten Winterniederschlags.

10. Gletscherverhalten und Witterung

Unter diesem Titel hat in jüngster Zeit H. Wakonigg eine sehr eingehende Studie über die Massenbilanz des Hintereisferners und die Firnakkumulation an der Pasterze unter dem Einfluß verschiedener Klimaelemente geliefert [12]. Insbesondere hat er auch die Wetterlagenklassifikation nach dem System ostalpiner Wetterlagen (siehe z. B. [4])[1] herangezogen, während H. Hoinkes in [13] noch das für Deutschland passende System von Hess-Brezowsky — nicht ohne Erfolg — verwendete. Ohne auf eine Besprechung aller hier einschlägigen Arbeiten eingehen zu können, sei nur noch darauf verwiesen,

---

[1] Ostalpine Wetterlagen-Klassifikation [4]

H	= Hochdruck über Mitteleuropa	NW	= Höhenströmung aus Nordwesten
h	= Zwischenhoch	N	= Höhenströmung aus Norden
Hz	= Zonale Hochdruckbrücke	TB	= Tief über den Britischen Inseln
HE	Hoch im Osten	TwM	= Tief über dem westlichen Mittelmeer
HF	= Hoch über Nordeuropa (Finnland)	TS	= Tief im Süden
S	= Höhenströmung aus Süden	TR	= Tiefdrucktrog
SW	Höhenströmung aus Südwesten	TM	= Tief über Mitteleuropa
W	= Höhenströmung aus Westen	Vb	= Tief am Alpenostrand nordostwärts ziehend.

daß F. Fliri [14] schon im Jahre 1964 die sommerlichen Schneefälle auf dem Säntis einer Analyse mit Hilfe der ostalpinen Wetterlagenklassifikation unterzog.

H. Wakonigg [12] empfahl, den die Gletscher am meisten konservierenden bzw. sie fördernden V_b-Wetterlagen eine Gewichtszahl von + 2 zuzuerkennen, ein Gewicht von + 1 den Strömungslagen Nord und Nordwest sowie den Lagen Tief über Mitteleuropa und Tief im Süden der Alpen (N, NW, TM und TS). Als indifferent mit Gewicht 0 bezeichnet er die Lage TR, da ja auch während des Durchganges eines Troges zuerst warme, dann kalte Witterung herrscht. Mit dem Gewicht — 1/2 zu bewerten seien die Lagen Tief über den Britischen Inseln, Westwetter, aber auch Zwischenhoch und Hoch über Fennoskandien (TB, W, h, HF). Zu den Gletscher-feindlichsten Lagen mit einem Gewicht von — 1 zählt er die Lagen Hoch, zonale Hochdruckbrücke, Hoch im Osten, Strömungslagen Südwest und Süd sowie Tief über dem westlichen Mittelmeer (H, Hz, HE, SW, S, TwM).

H. Wakoniggs Bearbeitung umfaßte die Monate Juni bis September und die Jahre 1953—1968. Tab. 11 bringt alle für die Berechnung der „Restablationstage" —

Tabelle 11. Häufigkeit der Wetterlagen in den Sommern (Juni bis September) der Jahre 1946 bis 1970 in den Ostalpenländern und hieraus berechnete „Restablationstage" nach H. Wakonigg [12] unter Berücksichtigung der von ihm vorgeschlagenen „Ablationsgewichte" der einzelnen Wetterlagen

WI = Wakonigg-Index = Restablationstage = Differenz zwischen Akkumulations- und Ablationstagen

Gewicht	+2	+1	+1	+1	+1	0	—½	—½	—½	—½	—1	—1	—1	—1	—1	—1	
Wetterlage	Vb	N	NW	TS	TM	TR	H	HF	W	TB	H	Hz	HE	SW	S	TwM	WI
1946	9	3	4	3	2	24	2	0	31	5	34	0	3	2	0	0	— 28,0
1947	0	13	13	8	10	18	0	0	14	3	41	0	0	0	0	2	— 7,5
1948	3	0	20	6	18	11	5	0	22	2	31	0	0	2	2	0	+ 0,5
1949	0	18	24	3	7	11	7	0	5	7	29	2	6	0	0	3	+ 2,5
1950	3	0	3	2	4	14	8	5	37	15	29	0	2	0	0	0	— 48,5
1951	4	0	10	4	6	22	7	1	31	5	24	2	0	6	0	0	— 26,0
1952	7	3	4	2	13	12	9	2	11	13	26	14	1	0	0	5	— 27,5
1953	0	2	5	3	7	12	14	6	20	14	22	5	0	3	3	6	— 49,0
1954	3	0	5	7	15	6	15	1	18	19	17	8	2	4	0	2	— 26,5
1955	0	8	4	1	25	12	28	6	4	6	14	6	4	1	0	3	— 12,0
1956	0	3	11	2	14	6	29	1	10	17	10	6	6	2	2	3	— 27,5
1957	0	4	14	8	7	3	26	0	16	14	19	4	0	3	0	4	— 25,0
1958	5	0	8	1	7	6	20	5	28	12	19	4	0	2	4	1	— 36,5
1959	4	1	11	6	5	11	18	9	9	7	21	6	4	0	0	0	— 31,5
1960	3	1	10	9	11	4	25	1	14	11	14	3	7	1	2	6	— 21,5
1961	0	0	15	2	8	14	13	1	5	6	28	4	14	9	2	1	— 45,5
1962	0	2	21	1	3	12	22	5	11	4	17	15	7	2	0	0	— 35,0
1963	5	0	2	3	9	16	24	4	17	6	11	7	8	0	0	10	— 37,5
1964	0	2	14	5	11	8	22	1	4	7	21	9	8	5	0	5	— 33,0
1965	10	4	7	8	12	8	24	0	10	16	7	6	4	1	2	3	+ 3,0
1966	1	1	10	6	13	10	19	4	9	11	15	7	10	1	2	3	— 27,5
1967	2	2	4	8	6	18	29	2	6	5	19	7	9	2	0	3	— 37,0
1968	1	4	5	8	13	18	34	11	4	6	6	3	2	0	0	7	— 13,5
1969	3	3	8	4	14	6	34	9	2	4	21	7	5	0	1	1	— 24,5
1970	0	4	8	6	8	12	15	7	6	13	33	4	2	0	0	4	— 37,5
Summe	63	78	240	116	248	294	449	81	344	228	538	129	104	46	20	72	— 26,1

von uns Wakonigg-Index genannt — nötigen Grundlagen, und zwar für den Gesamtzeitraum 1946 bis 1970, um die Methodik transparent zu machen. Unsere weiteren Ausführungen werden zu einer empirisch exakten Festlegung der Gewichtszahlen aller Wetterlagen in bezug auf den Pegel Fleißscharte führen. Sie werden auch nicht nur die Sommerzeit Juni bis September umfassen, sondern auch die Winterzeit Oktober bis Mai, während derer der Schnee aufgehäuft wird. Daß diese Aufhäufung für das Glazialjahr in den Hochzonen der Alpen weitgehend entscheidend ist, zeigten die Korrelationskoeffizienten in unserem letzten Abschnitt, und auch H. Wakonigg erkannte, daß die Betrachtung der Sommerwitterung allein nicht ausreiche, sondern daß man „für die Schmelzung von je 15 cm Winterschnee zwei Ablationstage abziehen" müsse.

11. Die täglichen Zunahmen und Abnahmen der Schneedecke

Die Firnreste ergeben sich aus der Jahresbilanz der Änderungen der Schneedecke von Tag zu Tag. Zunahmen sind die Folge von Neuschneefällen, allenfalls auch Zuwehungen zum Pegel, Abnahmen können bedingt sein durch Zusammensinken, Schmelzen, Verdunsten und allenfalls auch Wegwehen.

Ohne uns mit der Frage abmühen zu müssen, in welchem Maße die in den Ombrometern gemessenen Tagesniederschläge des Niederschlags jeweils richtig sind, gehen wir im folgenden vom sichtbaren Ergebnis aller einwirkenden Faktoren, der täglichen Änderung der Schneehöhe aus. Tab. 12 bringt zunächst einen statistischen Überblick.

Die Zunahmensumme Z ist mit 1249 cm im Jahr natürlich viel kleiner als die „Neuschneesumme", wie sie etwa nach der hydrographischen „Tischchen-Methode" gefunden werden würde. Dies deshalb, weil ja das Brettchen eine feste Bezugsbasis wäre, während die Schneedeckenoberfläche während des Neuschneetages einsinken kann.

Die größten Werte der Zunahmensumme findet man im April, aber auch im November und Dezember. Jeder Monat bringt Zunahmen. Im Juli stehen freilich Zunahmen von durchschnittlich 44 cm Abnahmen von 173 cm gegenüber, so daß die Monatsbilanz — 129 cm beträgt. Die Jahresbilanz ergibt einen rechnerischen Firnrest für den 1. Oktober von 101 cm. Dies ist nicht viel weniger als der Wert von 115 cm, den wir in Tab. 1 unter Bedachtnahme auf den wechselnden Zeitpunkt des Endes des Schneehaushaltsjahres errechnet hatten.

Für die Jahresbilanz spielt es also keine große Rolle, ob wir auf die tatsächliche Zeit des Beginnes und Endes des Schneehaushaltsjahres Rücksicht nehmen oder ob wir dieses schematisch immer mit 1. Oktober bis 30. September festsetzen. Eine größere Rolle spielt dies jedoch für die errechneten Schneehöhen zu Monatsbeginn, wie man aus einem Vergleich der betreffenden Durchschnittszahlen in den Tab. 5 und 12 ersehen kann.

An 156 Tagen des Durchschnittsjahres ändert sich die Schneehöhe von Tag zu Tag nicht, auch wenn einiger Neuschnee gefallen ist. Die meßbaren Zunahmen beschränken sich auf durchschnittlich 88 Tage im Jahr, die meßbaren Abnahmen auf 121 Tage. In jedem Monat gibt es Zunahmen und Abnahmen. Selbst zu einem Abschnitt gleichartiger Witterung gehören Tage nach Neuschnee, an denen sich der Schnee setzt, also bei geringem oder keinem weiteren Schneefall die Schneehöhe wieder sinkt. Von Mai bis September ist die Zahl der Abnahmetage wegen fortschreitender Verfirnung und Abschmelzung natürlich am größten. Im Oktober überwiegt die Zahl der Nulltage — oft noch überhaupt ohne neue Schneelage — die Zahl der anderen Tage.

Ein Tag mit meßbarer Zunahme bringt durchschnittlich auch eine deutliche Zunahme, im Mittel rund 14 cm, ein Abnahmetag durchschnittlich 9 cm Verlust an Schneehöhe.

Tabelle 12. Statistik der Zunahme und Abnahme der Schneehöhe auf dem Sonnblick von Tag zu Tag im Durchschnitt des Zeitraums 1946 bis 1970

	Jan.	Febr.	März	April	Mai	Juni
Z	139	122	138	**148**	99	64
A	− 65	− 74	− 96	− 96	− 133	− 159
B	74	48	42	52	− 34	− 95
S						
S	221	295	343	385	**437**	403
z	9,0	8,3	8,6	9,1	7,7	5,2
a	6,6	7,9	9,0	9,4	13,1	14,8
k	15,4	12,0	13,4	11,5	10,2	10,0
Z : z	15,5	14,7	16,0	**16,3**	12,8	12,4
A : a	− 9,8	− 9,4	− 10,7	− 10,2	− 10,1	− 10,8
N_f	**253**	220	230	**253**	226	198
N_f : Z	0,182	0,180	0,167	0,171	0,239	0,309

	Juli	Aug.	Sept.	Okt.	Nov.	Dez.	Jahr
Z	44	50	61	91	147	146	1249
A	− 173	− 119	− 70	− 47	− 50	− 66	− 1148
B	**− 129**	− 69	− 9	44	**97**	80	101
S				0	44	141	
S	308	179	110	101 = Firnrest			
z	4,0	4,7	5,7	7,4	**9,4**	9,0	88,2
a	**17,2**	13,6	10,4	7,3	6,0	6,1	121,4
k	9,8	12,7	13,9	**16,3**	14,6	15,9	155,6
Z : z	11,0	10,7	10,7	12,3	15,6	16,2	14,1
A : a	− 10,1	− 8,8	− 6,7	− 6,4	− 8,3	− 10,8	− 9,4
N_f	174	161	129	151	194	233	2422
N_f : Z	0,395	0,322	0,211	0,166	0,132	0,159	0,194

Z = Summe der Zunahmen in cm, A = Summe der Abnahmen in cm,
z = Zahl der Tage mit Zunahme, a = Zahl der Tage mit Abnahme,
k = Zahl der Tage mit unveränderter Schneehöhe (Null-Tage),
B = Bilanz = Differenz Z − A, S = daraus errechnete Schneehöhe am Monatsanfang,
N_f = fester Niederschlag in mm Wasserwert nach den Totalisatormessungen,
N_f (hier in cm) : Z = Dichte.

Dividieren wir die Monatsmengen festen Niederschlags N_f durch die Summen der Schneezuwächse, so können wir fiktive Zahlen für die „Neuschneedichte" auf dem Sonnblick erhalten. Das Jahresmittel von 0,194 ist das rechnerische Ergebnis von Werten zwischen 0,132 und 0,182 in den Monaten Oktober bis April und Werten zwischen 0,211 und 0,395 in den Monaten Mai bis September mit einem Maximum von 0,395 im Juli. Die Winterwerte entsprechen etwa den zu erwartenden Dichten unter Berücksichtigung der Verfestigung durch den Winddruck. Die Sommerwerte deuten an, daß auch an Schneefalltagen rasch Verfirnung und ein Fortschreiten der Schmelzvorgänge eintreten kann.

12. Tage mit Zunahmen und Abnahmen der Schneedecke bei verschiedenen Wetterlagen

In Tab. 13 sind nun die Tage mit Zunahmen z, mit Abnahmen a und die „Null-Tage" ohne Änderung k, für allgemeine Verwendungszwecke aber auch die Gesamtsummen n der Tage mit bestimmten Wetterlagen monats- und jahresweise angegeben.

Die leicht verständlichen Symbole H, h, Hz ... wurden bereits früher erklärt (siehe auch [4]). Glücklicherweise fächert die Klassifikation ostalpiner Wetterlagen nur nach 16 Typen auf, sonst wäre die Tab. 13 noch umfangreicher. Die Beschränkung auf relativ wenige Wetterlagen erfolgte im Hinblick darauf, daß nur die groben Züge der Lage erfaßbar sind, während im einzelnen jede Wetterlage ein Individuum ist. Wir werden sehen, daß es bei den Wetterlagen wie bei jedem Team von Individuen ist: Es gibt wirkungsvolle und wirkungsarme Mitglieder. Aber immerhin ist die Teamwirkung der Gruppen H, h, Hz ... gut erkennbar.

Tabelle 13. Anzahl der täglichen Zunahmen (z) und Abnahmen (a) sowie der Tage ohne Änderung (k) der Schneedecke auf dem Sonnblick im Gesamtzeitraum 1946 bis 1970, aufgegliedert nach den 16 ostalpinen Wetterlagen, den einzelnen Monaten und Jahreswerten

Wetterlage		H	h	Hz	HE	HF	N	NW	W	SW	S	TB	TwM	TS	TR	TM	Vb	Summe
Jan.	z	5	20	5	5	7	2	27	49	5	4	10	11	28	15	21	9	223
	a	32	19	10	20	12	2	13	28	6	2	3	4	9	4	3	1	168
	k	60	55	19	51	26	2	23	41	20	1	15	14	31	8	18	0	384
	n	97	94	34	76	45	6	63	118	31	7	28	29	68	27	42	10	775
Febr.	z	6	17	2	4	3	17	20	37	2	2	13	22	22	8	26	7	208
	a	28	31	12	17	10	9	6	17	5	3	5	13	10	10	17	3	196
	k	49	40	6	21	10	15	12	32	23	2	22	22	18	9	20	1	302
	n	83	88	20	42	23	41	38	86	30	7	40	57	50	27	63	11	706
März	z	5	16	1	10	9	15	29	31	3	3	17	7	26	11	24	10	217
	a	46	25	6	26	13	3	19	30	7	1	11	12	10	8	6	0	223
	k	49	33	14	43	27	10	17	24	19	3	21	14	22	19	18	2	335
	n	100	74	21	79	49	28	65	85	29	7	49	33	58	38	48	12	775
April	z	3	15	3	1	4	20	21	23	0	1	20	16	32	31	35	6	231
	a	53	30	16	17	11	5	12	17	6	6	7	20	7	18	8	3	236
	k	18	49	14	24	11	4	12	29	13	14	18	15	12	14	20	16	283
	n	74	94	33	42	26	29	45	69	19	21	45	51	51	63	63	25	750
Mai	z	12	16	0	0	7	15	24	11	1	3	11	3	16	24	34	16	193
	a	46	82	11	3	21	14	12	15	18	0	29	17	11	25	21	3	328
	k	23	54	7	9	16	9	10	14	2	2	25	12	17	22	25	7	254
	n	81	152	18	12	44	38	46	40	21	5	65	32	44	71	80	26	775
Juni	z	1	5	2	1	4	10	24	20	0	0	5	1	11	14	18	12	128
	a	85	68	24	12	17	4	30	21	2	2	22	10	8	34	26	6	371
	k	35	37	9	4	7	8	22	26	4	0	7	15	13	23	32	9	251
	n	121	110	35	17	28	22	76	67	6	2	34	26	32	71	76	27	750
Juli	z	2	18	0	0	0	10	16	4	0	0	9	0	10	8	18	8	103
	a	118	60	15	11	5	14	21	62	5	0	36	4	11	36	31	2	431
	k	37	50	6	2	4	10	24	21	2	0	28	3	6	24	24	0	241
	n	157	128	21	13	9	34	61	87	7	0	73	7	27	68	73	10	775
Aug.	z	2	9	1	0	3	5	17	18	0	0	9	0	11	19	21	3	118
	a	61	47	25	7	19	2	13	52	7	3	32	8	8	31	24	1	340
	k	36	55	23	9	9	10	28	31	4	1	34	6	11	34	25	1	317
	n	99	111	49	16	31	17	58	101	11	4	75	14	30	84	70	5	775

Tabelle 13 (Fortsetzung)

Wetterlage		H	h	Hz	HE	HF	N	NW	W	SW	S	TB	TwM	TS	TR	TM	Vb	Summe
Sept.	z	5	13	2	3	1	2	19	18	1	0	9	3	13	27	16	12	144
	a	68	47	12	22	7	1	9	28	8	6	15	12	3	15	4	4	261
	k	88	40	10	33	5	2	17	43	13	8	22	10	11	29	9	5	345
	n	161	100	24	58	13	5	45	89	22	14	46	25	27	71	29	21	750
Okt.	z	4	14	4	2	1	9	23	13	3	6	19	5	38	18	15	12	186
	a	56	23	18	19	7	1	5	16	8	1	6	8	7	3	3	2	183
	k	92	32	34	71	14	7	21	19	16	6	23	7	34	16	8	6	406
	n	152	69	56	92	22	17	49	48	27	13	48	20	79	37	26	20	775
Nov.	z	8	23	3	3	2	4	17	29	9	2	19	19	31	18	39	11	237
	a	21	18	12	21	4	5	5	20	8	2	6	12	6	9	2	0	151
	k	42	41	18	36	15	5	12	37	23	6	34	23	36	16	12	6	362
	n	71	82	33	60	21	14	34	86	40	10	59	54	73	43	53	17	750
Dez.	z	6	11	3	2	4	5	25	43	3	1	20	10	35	27	23	6	224
	a	37	37	5	11	2	4	4	18	6	0	7	7	10	3	4	0	155
	k	62	52	17	54	11	5	16	57	9	7	13	21	30	13	15	14	396
	n	105	100	25	67	17	14	45	118	18	8	40	38	75	43	42	20	775
Jahr	z	59	177	26	31	45	114	262	296	27	22	161	97	273	220	290	112	2222
	a	651	487	166	186	128	64	149	324	86	26	179	127	100	196	149	25	3043
	k	591	538	177	357	155	87	214	374	148	50	262	162	241	227	226	57	3866
	n	1301	1202	369	574	328	265	625	994	261	98	602	386	614	643	665	204	9131

Aus den Tab. 12 oder 13 können wir zunächst noch entnehmen, daß im allgemeinen die Zahl der Tage mit unveränderter Schneehöhe (k) überwiegt. Nur in den Monaten Mai bis August sind die Tage mit Abnahme (a) vorherrschend. Im Vergleich der Tage mit Zunahmen (z) und der Tage mit Abnahmen (a) ergibt sich eine Trennung in eine Aufbauzeit von Oktober bis Februar und eine Abbauzeit von März bis September. Schließlich sei noch daran erinnert, daß in der Zahl der Tage mit keiner Änderung der Schneehöhe von Tag zu Tag (k) in den Monaten September und Oktober auch die „Aper-Zeiten" ohne Neuschnee inbegriffen sind.

Aufgliederung nach Wetterlagen: Tab. 14 bringt eine Reihung der Jahreswerte der einzelnen Wetterlagen für die einzelnen Typen der täglichen Änderung der Schneehöhe.

Tabelle 14. Reihung nach der Häufigkeit der Jahreswerte

Typ	1.	2.	3.	4.	5.	6.	7.	8.	9.	10.	11.	12.	13.	14.	15.	16.
n	H	h	W	TM	TR	NW	TS	TB	HE	TwM	Hz	HF	N	SW	Vb	S
z	W	TM	TS	NW	TR	h	TB	N	Vb	TwM	H	HF	HE	SW	Hz	S
a	H	h	W	TR	HE	TB	Hz	NW	TM	HF	TwM	TS	SW	N	S	Vb
k	H	h	W	HE	TB	TS	TR	TM	NW	Hz	TwM	HF	SW	N	Vb	S

n = alle Tage mit einem bestimmten Wettertyp, z = Tage mit Zunahme, a = Tage mit Abnahme, k = Tage mit keiner Änderung.

An früherer Stelle als in der Gesamthäufigkeit (n) reihen folgende Wetterlagen:

Bei den Zunahmen: W, TM, TS, NW, TB, N und Vb,
bei den Abnahmen: TR, HE, TB, Hz, HF, SW und S,
bei Konstanz: HE, TB, TS, Hz und SW.

Der Aufbau der Schneedecke vollzieht sich also bevorzugt an Tagen mit Strömungslagen West bis Nord, bei Tief südlich und auch östlich der Alpen sowie bei Tief über Mitteleuropa oder sogar noch über den Britischen Inseln.

Konstanz oder Abbau der Schneedecke ist am häufigsten bei jenen Wetterlagen, welche an sich am häufigsten vorkommen, wie H, h und W. Relativ häufig beteiligt sind noch die übrigen Hochlagen HE, Hz, HF, Lagen mit wenigstens zeitweise südlicher Strömung, wie SW, S, TB und TR. Kein Zuwachs der Schneehöhe, vielmehr Konstanz kommt aber selbst bei TS nicht selten vor.

Tab. 15 gibt die Summen der Zunahmen Z bzw. der Abnahmen A der Schneehöhe auf dem Sonnblick monats- und jahresweise für die Gesamtzeit 1946—1970 bekannt. Beigefügt sind die Bilanzen B = Z — A für jede Wetterlage sowie der Durchschnitt für den einzelnen Tag B : n.

Tabelle 15. Summe der Zunahmen (Z) und Abnahmen (A) sowie Bilanz Schneehöhenänderung auf dem Sonnblick bei den

Wetterlage		H	h	Hz	HE	HF	N	NW
Januar	Z	24	253	78	25	98	50	568
	A	− 281	− 201	− 88	− 231	− 109	− 20	− 129
	B	− 257	52	− 10	− 206	− 11	30	439
	B : n	− 2,7	0,6	− 0,3	− 2,7	− 0,2	5,0	7,0
Februar	Z	104	241	6	57	19	217	350
	A	− 300	− 267	− 107	− 112	− 78	− 110	− 70
	B	− 196	− 26	− 101	− 55	− 59	107	80
	B : n	− 2,4	− 0,3	− 5,1	− 1,3	− 2,6	2,6	7,4
März	Z	41	225	10	80	197	282	435
	A	− 363	− 324	− 85	− 251	− 155	− 34	− 189
	B	− 322	− 99	− 75	− 171	42	248	246
	B : n	− 3,2	− 1,3	− 3,6	− 2,2	0,9	8,9	3,8
April	Z	46	190	30	5	30	422	332
	A	− 510	− 348	− 136	− 155	− 137	− 70	− 88
	B	− 464	− 158	− 106	− 150	− 107	352	244
	B : n	− 6,3	− 1,7	− 3,2	− 3,6	− 4,1	12,2	5,4
Mai	Z	117	172	0	0	85	257	316
	A	− 493	− 874	− 93	− 25	− 192	− 89	− 93
	B	− 376	− 702	− 93	− 25	− 107	168	223
	B : n	− 4,7	− 4,6	− 5,2	− 2,1	− 2,4	4,4	4,8
Juni	Z	5	8	22	20	31	133	376
	A	− 972	− 717	− 286	− 119	− 165	− 35	− 366
	B	− 967	− 709	− 264	− 99	− 134	98	10
	B : n	− 8,0	− 6,4	− 7,5	− 5,8	− 4,8	4,5	0,1
Juli	Z	10	170	0	0	0	124	224
	A	− **1293**	− 548	− 164	− 130	− 57	− 165	− 168
	B	− **1283**	− 378	− 164	− 130	− 57	− 41	56
	B : n	− 8,2	− 3,0	− 7,7	− **10,0**	− 6,4	− 1,2	0,9

Die Reihung nach den Jahressummen ist nun die folgende:

Typ	1.	2.	3.	4.	5.	6.	7.	8.	9.	10.	11.	12.	13.	14.	15.	16.
Z	W	TM	NW	TS	TR	TB	h	N	Vb	TwM	HF	H	Hz	SW	HE	S
A	H	h	W	TR	TB	HE	Hz	NW	TM	TwM	HF	TS	SW	N	Vb	S
B	TM	TS	NW	Vb	TR	N	W	TB	S	TwM	SW	HF	Hz	HE	h	H
B:n	Vb	N	TS	TM	NW	TR	W	TB	TwM	S	HF	SW	HE	h	Hz	H

Für den Aufbau der Schneedecke auf dem Sonnblick tragen also am meisten die relativ häufigen Westlagen bei. Da aber im Zuge des wechselhaften Westwetters oft auch Zusammensinken etc. eintritt, sinkt die Westlage bilanzmäßig an 7. Stelle ab.

Von weitaus größerem positiven Einfluß sind die Tieflagen TM und TS, eventuell auch TR und TB, sowie die Strömungslagen NW und N. Die Tiefdruckgebiete, die

$B = Z - A$ und durchschnittlicher Tageswert der Bilanz $B:n$ der einzelnen Wetterlagen im Gesamtzeitraum 1946—1970

W	SW	S	TB	TwM	TS	TR	TM	Vb	Summe
878	39	32	135	150	389	240	407	123	3489
− 288	− 75	− 17	− 18	− 26	− 72	− 45	− 30	− 7	− 1637
590	− 36	15	117	124	317	195	377	116	1852
5,0	− 1,2	2,1	4,2	4,3	4,7	7,2	8,9	11,6	2,4
603	18	46	208	240	212	167	405	138	3031
− 195	− 33	− 44	− 64	− 97	− 73	− 110	− 169	− 30	− 1859
408	− 15	2	144	143	139	57	236	108	1172
4,8	− 0,5	0,3	3,6	2,5	2,8	2,1	3,7	9,8	1,7
490	50	24	318	76	406	157	501	160	3452
− 321	− 90	− 10	− 83	− 167	− 162	− 111	− 70	0	− 2415
169	− 40	14	235	− 91	244	46	431	160	1037
2,0	− 1,4	2,0	4,8	− 2,8	4,2	1,2	9,0	13,4	1,3
332	0	7	263	169	630	502	220	120	3298
− 182	− 52	− 45	− 68	− 190	− 57	− 146	− 68	− 50	− 2302
150	− 52	− 38	195	− 21	573	356	152	70	996
2,2	− 2,7	− 1,8	4,3	− 0,4	11,3	5,7	2,4	2,8	1,3
164	2	13	142	13	188	294	346	371	2480
− 154	− 149	0	− 414	− 198	− 92	− 206	− 199	− 25	− 3296
10	− 147	13	− 272	− 185	96	88	147	346	− 816
0,2	− 7,0	2,6	− 4,2	− 5,8	2,2	1,2	1,8	13,3	− 1,1
209	0	0	36	10	135	175	210	192	1562
− 199	− 18	− 20	− 220	− 118	− 105	− 395	− 226	− 45	− 4006
10	− 18	− 20	− 184	− 108	30	− 220	− 16	147	− 2444
0,1	− 3,0	**− 10,0**	− 5,4	− 4,1	0,9	− 3,1	− 0,2	5,4	− 3,3
40	0	0	84	0	83	61	217	95	1108
− 591	− 53	0	− 348	− 34	− 101	− 344	− 250	− 10	− 4256
− 551	− 53	0	− 264	− 34	− 18	− 283	− 33	85	− 3148
− 6,3	− 7,6	—	− 3,6	− 4,9	− 0,7	− 4,2	− 4,5	8,5	− 4,1

Tabelle 15 (Fortsetzung)

Wetterlage		H	h	Hz	HE	HF	N	NW
August	Z	7	78	10	0	22	16	241
	A	− 499	− 388	− 238	− 56	− 185	− 4	− 179
	B	− 492	− 310	− 228	− 56	− 163	12	62
	B : n	− 5,0	− 2,8	− 4,7	− 3,5	− 5,3	0,7	1,1
September	Z	44	91	9	15	10	60	287
	A	− 385	− 413	− 88	− 127	− 57	− 5	− 75
	B	− 341	− 322	− 79	− 112	− 47	55	212
	B : n	− 2,1	− 3,2	− 3,3	− 1,9	− 3,6	11,0	4,7
Oktober	Z	43	165	29	12	2	154	311
	A	− 339	− 195	− 87	− 130	− 31	− 3	−33
	B	− 296	− 30	− 58	− 118	− 29	151	278
	B : n	− 1,9	− 0,4	− 1,0	− 1,3	− 1,3	8,9	6,0
November	Z	97	325	43	25	85	70	179
	A	− 162	− 98	− 61	−190	− 30	− 37	− 42
	B	− 65	227	− 18	− 165	55	33	137
	B : n	− 0,9	2,8	− 0,5	− 2,8	2,6	2,4	4,0
Dezember	Z	82	190	40	30	92	81	410
	A	− 366	− 459	− 47	− 83	− 19	− 34	− 43
	B	− 284	− 269	− 7	− 53	73	47	367
	B : n	− 2,7	− 2,7	− 0,3	− 2,8	4,3	3,4	8,2
Jahr	Z	620	2108	277	269	671	1866	4029
	A	**− 5963**	− 4832	− 1480	− 1609	− 1215	− 606	− 1475
	B	− 5343	− 2724	− 1203	− 1340	− 544	1260	2554
	B : n	− 4,1	− 2,3	− 3,3	− 2,3	− 1,7	4,7	4,1

Ergänzung zur Überprüfung der Gewichte der einzelnen Wetterlagen zur Berechnung des Wakonigg-

	B : n	− 5,7	− 3,8	− 5,7	− 3,8	− 5,0	1,6	1,4
	WI	− 1,0	− 0,5	− 1,0	− 1,0	− 0,5	+ 1,0	+ 1,0

am Alpenostrand vorbeiziehen (Vb) sind verhältnismäßig selten und auf dem Sonnblick nicht sehr am Aufbau der Schneedecke beteiligt. Da während ihrer Dauer aber auch keine Verluste auftreten, rücken sie in der Bilanzreihe B auf den 4. Platz vor.

Der Abbau der Schneedecke erfolgt vor allem bei den Hochdrucklagen. Bei Troglagen ist sowohl die Z als auch die A relativ groß, die Bilanz B bleibt im Mittel positiv.

Für den Schneehaushalt auf dem Sonnblick günstige Lagen sind alle drei Tiefdrucklagen TM, Vb und TR, ferner die Tiefdruck-Randlagen TS und auch TB sowie die Strömungslagen NW, N und noch W.

Für den Schneehaushalt ungünstige Lagen sind sämtliche Hochdruck- und Hochdruck-Randlagen, die Strömungslagen SW und S und noch die Tiefdruck-Randlage TwM, also Tief über dem westlichen Mittelmeer.

Je Einzeltag mit einer bestimmten Wetterlage ist für den Aufbau der Schneedecke die Vb-Lage am wirksamsten: Das Jahresmittel B : n beträgt 7,7 cm. Es folgen die Nord-

W	SW	S	TB	TwM	TS	TR	TM	Vb	Summe
171	0	0	73	0	198	170	216	47	1249
− 382	− 52	− 40	− 312	− 90	− 62	− 272	− 177	− 30	− 2966
− 211	− 52	− 40	− 239	− 90	136	− 102	39	17	− 1717
− 2,1	− 4,7	− 10,0	− 3,2	− 6,4	4,5	− 1,2	5,6	3,4	− 2,2
136	10	0	89	38	113	304	187	118	1511
− 188	− 71	− 22	− 93	− 83	− 21	− 74	− 24	− 22	− 1748
− 52	− 61	− 22	− 4	− 45	92	230	163	96	− 237
− 0,6	− 2,8	− 1,6	− 0,9	− 1,8	3,4	3,2	5,7	4,6	− 0,3
100	11	65	327	36	389	215	191	240	2290
− 142	− 39	− 2	− 34	− 33	− 39	− 23	− 20	− 45	− 1195
− 42	− 28	63	293	3	350	192	171	195	1095
− 0,9	− 1,0	4,9	6,1	0,2	4,4	5,2	6,6	9,8	1,4
404	115	20	270	353	452	396	735	135	3704
− 245	− 49	− 36	− 43	− 146	− 51	− 65	− 14	0	− 1269
159	66	− 16	227	207	401	331	721	135	2435
1,9	1,6	− 1,6	3,8	3,8	5,5	7,7	− 13,6	8,0	3,2
697	27	10	286	147	488	507	448	100	3635
− 217	− 68	0	− 65	− 70	− 145	− 29	− 29	0	− 1674
480	− 41	10	221	77	343	478	419	100	1961
4,1	− 2,3	1,2	5,5	2,0	4,6	11,1	10,0	5,0	2,5
4224	272	217	2231	1232	3683	3188	4083	1839	30809
− 3104	− 749	− 236	− 1762	− 1252	− 980	− 1820	− 1276	− 264	− 28623
1120	− 477	− 19	469	− 20	2703	1368	2807	1575	2186
1,1	− 1,8	− 0,2	0,8	− 0,1	4,4	2,1	4,2	7,7	0,24

Index für die Monate Juni bis September

− 2,3	− 4,0	− 4,1	− 3,0	− 3,8	2,0	− 1,3	0,6	5,8	− 2,5
− 0,5	− 1,0	− 1,0	− 0,5	− 1,0	+ 1,0	0,0	+ 1,0	+ 2,0	

lage mit 4,7 und die Lage Tief im Süden mit 4,4 cm Anstieg pro Tag. Der Abbau pro Tag ist am stärksten bei Hochdruck H mit B : n = − 4,1, gefolgt von Hz mit − 3,3 und h und HE mit je − 2,3 cm/Tag.

Die letzten Zeilen der Tab. 15 enthalten eine Sonderberechnung für die Sommerzeit (Monate Juni bis September) zwecks Überprüfung des „Wakonigg-Index". Wir kommen auf das Ergebnis der Prüfung noch zurück.

Tab. 15 und die zugehörige Abb. 5 geben auch Aufschluß über den jahreszeitlichen Wechsel des Beitrages der einzelnen Wetterlagen zu Aufbau und Abbau der Schneedecke auf dem Sonnblick.

In den Zeilen Z sind Werte 0 sehr selten. An sich kann also bei jeder der 16 Wetterlagen ein Zuwachs an Schneehöhe festzustellen sein. Den numerisch größten Beitrag mit 878 cm in den 25-Januar-Monaten lieferten die Westlagen im Januar. Es wechselt aber von Monat zu Monat die Wetterlage des größten Beitrages Z sehr stark. Der Betrag der Abnahme der Schneehöhen A erreicht bei den Hochdrucklagen H im Juli mit

— 1293 cm seinen höchsten Absolutwert. Bemerkenswerterweise ist der Höchstwert im Januar bei den Westlagen zu finden, welche auch den höchsten Zuwachs zeigen. Auf Tage starken Zuwachses folgen eben Tage mit raschem Zusammensinken des Neuschnees bei unveränderter Witterungslage.

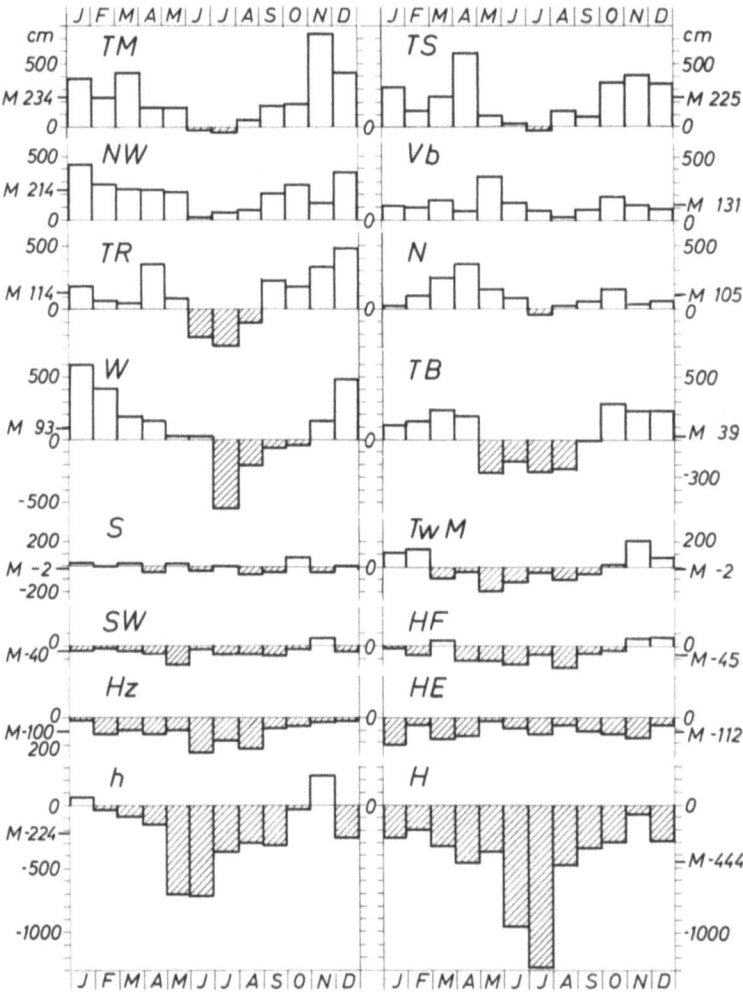

Abb. 5. Monatsbilanz B = Z — A der täglichen Zunahmen Z und Abnahmen A der Schneehöhe in cm auf dem Sonnblick im Gesamtzeitraum 1946—1970, aufgegliedert auf die 16 Wetterlagen der ostalpinen Klassifikation (vgl. Tab. 15). (M = durchschnittliche Monatsbilanz = Jahreswert: 12.)

Die höchste positive Monatsbilanz ergeben die Lagen Tief über Mitteleuropa im November, nämlich B = 721. Auch der Durchschnitt pro Tag mit dieser Witterung ist am größten (B : n = 13,6). Am stärksten negativ ist die Bilanzsumme der Hochdrucklagen im Juli (B = — 1283). Die Beträge je Witterungstag sind aber bei Südlagen im Juni und August (im Juli gab es keine) und bei HE-Lagen im Juli (also auch Südströmung) noch etwas größer als bei den H-Lagen im Juli, nämlich — 10,0 cm/Tag gegen — 8,2 cm/Tag.

Durchschnittlich in allen Monaten des Jahres Schnee aufbauend sind nur die Lagen

NW und Vb, durchschnittlich nur abbauend die Lagen H, Hz und HE. Ein starker jahreszeitlicher Wechsel ist in Abb. 5 bei den Wetterlagen W, TB, TwM und TR zu bemerken: Sie wirken in der dunklen Jahreszeit Schnee aufbauend, in der hellen Jahreszeit abbauend.

Die quantitativen Gewichte der Wetterlagen für den „Wakonigg-Index": In Tab. 15, unten, findet man die rein empirisch gewonnenen, quantitativ richtigen Gewichte der einzelnen Wetterlagen. Die dort stehenden Zahlen bedeuten ja nichts anderes als den durchschnittlichen Beitrag eines Tages mit bestimmter Wetterlage zum Aufbau oder Abbau der Schneedecke auf dem Sonnblick im Mittel der Monate Juni bis September. Man kann mit Spannung der Berechnung dieser Gewichte auch für andere Meßreihen entgegensehen.

13. Großschneefälle auf dem Sonnblick

Reichhaltige weitere Ausarbeitungen vorläufig beiseitelegend wollen wir nur noch die Wetterlagen jener Tage bekanntgeben, an welchen die stärksten Anstiege der Schneehöhe auf dem Sonnblick während des 25jährigen Zeitraums 1946 bis 1970 erfolgten. Die Reihung nach der Neuschneehöhe ist die folgende:

130 cm am 19. Januar 1951 bei NW-Strömungslage (am 18. 40 cm bei W, am 20. 60 cm bei NW, am 21. 40 cm bei N),

120 cm am 14. Mai 1962 bei Vb-Lage (am 13. 40 cm bei Vb, am 15. 30 cm bei Vb),

100 cm am 12. April 1957 bei N-Strömungslage.

Schneehöhenzwachs von mindestens 50 cm gab es insgesamt 50mal, davon 11mal bei TM, je 7mal bei W und TS und 5mal bei TB.

In [11] liegt Vergleichsmaterial von 272 Stationen in Österreich vor. Die höchste dieser Meßstellen war Zürs, 1720 m. In 45 verarbeiteten Jahren gab es nur 6mal Tageswerte der Neuschneehöhe von mindestens 100 cm. Der Höchstwert ist aus Saalfelden bekannt: 123 cm am 18. Januar 1910.

Neuschneehöhen von mindestens 50 cm gab es an den 272 Orten insgesamt durchschnittlich nur 5mal im Jahr. Auf dem Sonnblick allein sind es durchschnittlich 2 im Jahr.

Weiteres soll ein andermal berichtet werden. Die Probleme, aber auch die Bearbeitungsmöglichkeiten der Hydrometeorologie und der Witterungsklimatologie, sind ja schier unerschöpflich. Der Beobachtungsschatz des Sonnblick-Observatoriums ist eine Fundgrube für solche Studien.

Literatur

[1] Lauscher, F.: Die Totalisatorennetze Österreichs. 54.—57. Jahresber. d. Sonnblick-Ver. f. d. Jahre 1956—1959, 3—19. Wien 1961.

[2] Steinhauser, F.: Ergebnisse neuerer Beobachtungen über die Niederschlagsverhältnisse im Sonnblickgebiet. XLI. Jahresber. d. Sonnblick-Ver. für 1932, 18—31. Wien 1933.

[3] Steinhauser, F.: Schneehöhenmessungen am Sonnblick und im Sonnblickgebiet. XLII. Jahresber. d. Sonnblick-Ver. für 1933, 43—50. Wien 1934.

[4] Lauscher, F.: 25 Jahre mit täglicher Klassifikation der Wetterlage in den Ostalpenländern. Wetter und Leben 24, 185—189, 1972.

[5] Tollner, H.: Laufende Berichte über Gletscher des Sonnblick- und Glocknergebietes in den Jahresberichten des Sonnblick-Vereines, u. zw.

für die Jahre	im Jahresbericht für	Seite
1938—51	1950	6—18
1951—53	1951—52	28—32, 48—49
1954—56	1953—55	33—38
1957—59	1957—59	19—27
1960—61	1960—61	74—82
1963—64	1963—64	56—64
1965—67	1965—67	73—93
1968—69	1968—69	44—51

[6] Roller, Maria: Schneepegelbeobachtungen im Zeitraum 1927 bis 1956. 51.—53. Jahresber. d. Sonnblick-Ver. f. d. Jahre 1953—1955, 43—45 und Tabellenanhang, Wien 1957. — Ergänzende Veröffentlichung von Niederschlags- und Schneepegelbeobachtungen im Sonnblick-Gebiet. 58.—59. Jahresber. d. Sonnblick-Ver. f. d. Jahre 1960—1961, 82—85. Wien 1963.

[7] Steinhauser, F.: Die Schneeverhältnisse im Sonnblickgebiet. 63—65. Jahresber. d. Sonnblick-Ver. f. d. Jahre 1965—1966, 3—42. Wien 1968.

[8] Roller, Maria: Die Normalwerte der Schneedichte in den Ostalpenländern. Wetter und Leben **6**, 50—53, 201 (1954).

[9] Lauscher, F.: Beiträge zur Hydrometeorologie der Alpen. Geofisica e Meteorologia XII, 3—6 (1963).

[10] Frank, W., Adele und F. Lauscher, E. Schaffer und F. Suntych: Das Energiepotential des Niederschlags im österreichischen Bundesgebiet. Beiträge zum Österr. Wasserkraftkataster, Heft 2, Teile 1—3, 232 S., 5 Karten im Maßstab 1:500.000, 11 Kartenbeilagen und 75 Diagramme. Wien 1956.

[11] Schalko, Margarethe, und F. Steinhauser: Groß-Schneefälle in Österreich. Anhang 8 zum Jahrb. f. 1950 der Zentralanstalt für Meteorologie und Geodynamik, D 65—D 75, Wien 1951.

[12] Wakonigg, H.: Gletscherverhalten und Witterung. Zeitschr. f. Gletscherkunde und Glazialgeologie **VIII**, 103—123 (1971). — Siehe auch Gletscherverhalten und Klimaelemente. Mitt. naturwiss. Ver. Steiermark **101**, 175—194 (1971).

[13] Hoinkes, H.: Gletscherschwankungen und Wetter in den Alpen. Veröff. Schweizer. Meteorol. Zentralanstalt Nr. 4, 9—24. Zürich 1967.

[14] Fliri, F.: Zur Witterungsklimatologie sommerlicher Schneefälle in den Alpen. Wetter und Leben **16**, 1—11 (1964).

Der Jahresgang der Temperatur in der Schneedecke am Hohen Sonnblick (3100 m)

Von Werner Mahringer, Salzburg

Mit 5 Abbildungen

1. Einleitung

Im Bereich des Sonnblick-Observatoriums werden die Gletscher- und Felsregionen ganzjährig oder zumindest den größten Teil des Jahres von einer mächtigen Schneeschichte bedeckt. Ihr thermisches Verhalten ist für den Wärmehaushalt dieser Hochgebirgsregionen von ausschlaggebender Bedeutung. Vor allem sind es, wie bereits mehrere Untersuchungen gezeigt haben, die hohe Albedo, die geringe Wärmeleitfähigkeit und die hohe Durchlässigkeit des Schnees gegenüber Schmelzwasser, welche für die Besonderheiten im Temperaturregime dieses Mediums verantwortlich sind [1, 2].

Kontinuierliche Registrierungen der Schneetemperatur sind in Hochgebirgslagen über längere Zeiträume bisher nur selten durchgeführt worden. Im allgemeinen stammen die Kenntnisse aus den Ergebnissen von Temperatursondierungen in Schneeschächten oder Untersuchungen in geringeren Höhenlagen. Im Nahbereich des Sonnblick-Observatoriums sind in den letzten Jahren Untersuchungen über den Wärmehaushalt, den Strahlungshaushalt und die Verdunstungs- und Kondensationsvorgänge an Schneeoberflächen angelaufen, in deren Rahmen auch eine Registrieranlage für die Erfassung der Schneetemperatur in verschiedenen Tiefen eingerichtet wurde.

Während über die Wärmehaushalts- und Verdunstungsstudien an anderer Stelle berichtet werden soll, mögen einige Details aus den Ergebnissen der Temperaturregistrierungen die bisherigen Kenntnisse auf diesem Gebiet ergänzen bzw. illustrieren. Vor allem sollen Aussagen über das Ausmaß, die Geschwindigkeit und Tiefe des Eindringens der Winterkälte gemacht werden sowie die Größe und Andauer der vertikalen Temperaturgradienten innerhalb der Schneedecke, die wiederum für Fragen der Wasserdampfdiffusion im Schnee und der damit verbundenen aufbauenden Metamorphose wichtig sind, untersucht werden.

2. Aufbau der Meßeinrichtungen

Als Meßstelle wurde eine nur wenig nach Süden geneigte Randzone des Großen Sonnblickgletschers in ca. 3060 m Seehöhe unterhalb des felsigen Gipfelaufbaues des Sonnblicks ausgewählt. Die Wahl dieser Stelle ergab sich aus der Forderung nach einer annähernd horizontalen Oberfläche und erträglicher Länge der elektrischen Zuleitung zum Observatorium für die Versorgung der elektrischen Schreibgeräte zur Erfassung der Wärmehaushaltsgrößen.

Als Nachteil des Meßplatzes stellte sich die beträchtliche Störung der Luftströmung durch Verwirbelung im Übergangsbereich zwischen Gipfelaufbau und Gletscherfläche heraus, wodurch eine störungsfreie Schneeablagerung häufig verhindert wurde und das

Anwachsen der Winterschneedecke nicht dem regionalen Durchschnitt entsprach. Die Schneethermometer (Nickel-Norm-Widerstandsthermometer 100 Ohm in Dreileiterschaltung, eingebaut in weißlackierte Kupferhüllen) wurden an einem runden Hartholzmast in vertikalen Abständen von 100 bzw. 50 cm in fixen Höhen montiert und gegen Schneedruck weitgehend gesichert.

Die Tiefenverteilung der neun Thermometer betrug am Anfang der Meßperiode (1. Oktober 1969), bezogen auf die Oberfläche der Altschneedecke:

Thermometer 1:	− 290 cm	Thermometer 6:	+ 100 cm
2:	− 200 cm	7:	+ 150 cm
3:	− 100 cm	8:	+ 200 cm
4:	0 cm	9:	+ 250 cm
5:	+ 50 cm		

Am Beginn der Ablationsperiode (5. Juni 1970), dem Tag mit der maximalen Schneehöhe, war die Winterschneedecke bis auf die Höhe des Thermometers Nr. 9 angewachsen, das tiefste Thermometer lag mithin 540 cm unter der Schneeoberfläche. Die vorgegebene Wahl der Thermometerhöhen erwies sich somit als ausreichend, die Thermometerabstände von 50 und 100 cm lassen jedoch Feinheiten der Temperaturgänge nicht erfassen, so daß die nur in den obersten Dezimetern merkbaren Tagesgänge der Schneetemperatur nur fallweise erfaßt und daher keiner genauen Analyse unterzogen wurden.

Als Registriergeräte wurden normale 6-Bereich-Fallbügelschreiber mit Kreuzspulmeßwerk in Dreileiterschaltung und 6 Volt Gleichspannung verwendet, deren Meßgenauigkeit absolut mit $\mp 0{,}2°$ C und in Temperaturdifferenzen mit $\mp 0{,}1°$ C angegeben werden kann. Zusätzlich zu den Temperaturregistrierungen wurden einmal täglich um 7 Uhr MEZ Messungen der Schneeoberflächentemperatur mit einem Thermistor-Oberflächenthermometer durchgeführt. Einmal monatlich wurde in einem Schneeschacht unweit der Meßstelle ein Schicht- und Dichteprofil der Schneedecke aufgenommen.

3. Ergebnisse

3.1. Der Jahresgang der Schneedeckentemperatur

Die Abb. 2 enthält eine Isoplethendarstellung der Schneetemperaturen vom 1. Oktober 1969 bis 15. Juli 1970.

Zum Beginn der Untersuchung war die gesamte Altschnee- bzw. Firnschicht, die eine mittlere Dichte von 0,55 g/cm^3 aufwies, schwach durchfeuchtet und bis auf eine dünne Oberflächenschicht auf Schmelztemperatur. Dieser Zustand, der als typisch für die Ablationszeit zu betrachten ist, war noch vom Sommer her gegeben. Im Laufe des Oktober und November verursachte die langsame Wärmeabgabe gegen die kältere Umgebung ein langsames Frieren der Schneeschichten, wobei sich das Fortschreiten der Grenze zwischen feuchtem und trockenem Altschnee durch zunehmende Kälteeinwirkung im Laufe des November mehr und mehr beschleunigte. Aber erst am 10. November sank die Temperatur in 3 m Tiefe erstmals unter den Gefrierpunkt. Die Abkühlung der Schneedecke wird in dieser Phase durch das Gefrieren des im Schnee vorhandenen flüssigen Wasseranteils merklich verlangsamt. Eine Überschlagsrechnung läßt vermuten, daß die von Mitte Oktober bis Mitte November abgegebenen 268 cal pro cm^2 Schneeoberfläche etwa zur Hälfte der fühlbaren Wärme der Schneedecke, zur anderen Hälfte der freiwerdenden Schmelzwärme entstammen.

Abb. 1. Meßanlage zur Registrierung der Schneetemperaturen am Sonnblickgletscher in 3060 m Seehöhe.

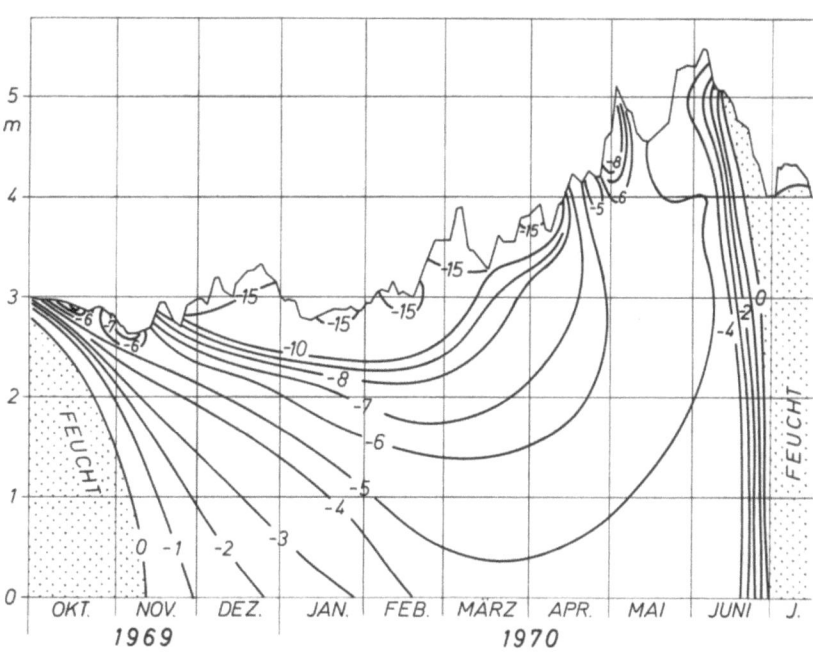

Abb. 2. Temperaturverteilung in der winterlichen Schneedecke im Bereich des Hohen Sonnblick vom Oktober 1969 bis Juli 1970.

Die nächsten Monate zeigen eine allmähliche Abkühlung der Schneedecke bei nur wenig veränderten Schneehöhen. Die orographisch bedingte Luftströmung verhinderte einige Zeit die Ablagerung größerer Neuschneemengen. Immer deutlicher zeigte sich die enorme thermische Schutzwirkung der Schneedecke. In 3 m Tiefe wurde als niedrigste Wintertemperatur — 4,7 Grad bei gleichzeitigen Oberflächentemperaturen bis unter — 25 Grad gemessen. Die — 10 Grad Isotherme verlief im Winter 1969/70 höchstens 50 cm unter der Schneeoberfläche.

Die tiefsten Wintertemperaturen traten in der obersten Meterschicht in der ersten Februardekade, in größeren Tiefen aber erst Ende März und anfangs April auf.

Bereits ab März verringerten sich die bis dahin sehr großen vertikalen Temperaturgradienten im Schnee, die im Alpenbereich allgemein zu ausgeprägter Schwimmschneebildung und zu zeitweise großer Lawinengefahr geführt hatten, wesentlich.

Im April und Mai 1970 wurde längere Zeit nahezu Isothermie mit Schneetemperaturen zwischen — 4 und — 6 Grad festgestellt.

Der noch durchwegs kalte Mai verhinderte in diesem Jahr die um diese Zeit oft bereits einsetzende Schmelzwasserbildung. Erst nach dem 6. Juni führte anhaltendes Tauwetter zu einer fortschreitenden Durchfeuchtung der Schneeschichten. War es bisher die molekulare Wärmeleitung mit höchstens geringem Diffusionsanteil, welche für den Wärmeaustausch verantwortlich war, so trat nun der wesentlich rascher und tiefgreifendere Wärmeaustausch durch Schmelzwassertransport ein, durch welchen bis zum 26. Juni eine tiefreichende Durchfeuchtung der Schneedecke und ein Ansteigen der Schneetemperatur auf 0 Grad bewirkt wurde. Der sommerliche Temperaturzustand war damit erreicht.

Dieses Beispiel zeigt deutlich eine der wesentlichen Ursachen für die bekannte Erscheinung, daß die Firn- und Eisschichten unserer Hochgebirge in tieferen Schichten ganzjährig eine Temperatur von nahe 0 Grad aufweisen: das langsame Eindringen der Winterkälte wird durch den rascheren Wärmeaustausch durch Schmelzwasser überkompensiert, so daß die Jahresmitteltemperatur der Schneedecke stark über der der Umgebungstemperatur zu liegen kommt, wobei die Unterschiede mit zunehmender Tiefe ansteigen.

Tabelle 1. Mitteltemperatur des Zeitraumes August 1969—Juli 1970 in der Atmosphäre am Sonnblickgipfel sowie in verschiedenen Tiefen der Schneedecke

Lufttemperatur	— 6,7° C
Schneetemperatur in 50 cm	— 4,7° C
Schneetemperatur in 100 cm	— 3,9° C
Schneetemperatur in 200 cm	— 2,8° C
Schneetemperatur in 300 cm	— 2,3° C
Schneetemperatur in 400 cm	— 2,0° C

Die Monatsmittelwerte der Schneetemperatur in verschiedenen Tiefen sowie der Lufttemperatur sind in der Abb. 3 dargestellt.

Die bereits beschriebene Abschwächung der Temperaturamplituden und die Verzögerung der Temperaturwellen sind daraus deutlich erkennbar.

Liegen die Temperaturen im Inneren der Schneedecke vom Oktober bis Mai höher als die der Luft, so sind die thermischen Verhältnisse an der Schneeoberfläche wesentlich extremer. Durch langwellige Ausstrahlung bei nur langsamen Wärmenachschub aus dem

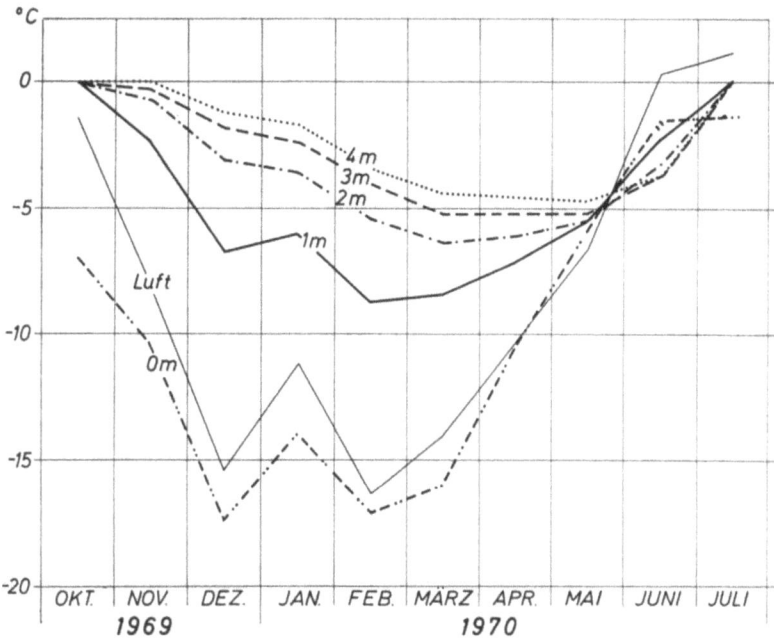

Abb. 3. Verlauf der Monatsmitteltemperaturen der Luft am Sonnblickgipfel sowie der Schneetemperatur in 0, 1, 2, 3 und 4 m Tiefe.

Inneren tritt bei klarem Himmel besonders während der Nacht eine starke Unterkühlung der Schneeoberfläche ein, wobei in einzelnen Fällen Temperaturunterschiede zwischen der Schneeoberfläche und der Luft von mehr als 10 Grad gemessen wurden. Im allgemeinen vermindert jedoch die starke Luftbewegung an den Höhenstationen die in windgeschützten Lagen bei Neuschnee noch häufiger und extremer zu beobachtende Unterkühlung der Schneeoberflächen. Immerhin liegen aber auch an der Gipfelstation die Monatsmittelwerte der Schneeoberflächentemperatur um 7 Uhr früh noch bis zu 6° unter denen der Lufttemperatur.

Zur näheren Illustration der thermischen Verhältnisse der Hochgebirgsschneedecke sind in der Tab. 2 die Extremwerte der Luft- und Schneetemperaturen in den einzelnen

Tabelle 2. Maxima und Minima der Temperaturen in der Luft sowie in verschiedenen Tiefen der Schneedecke vom Oktober 1969 bis Juni 1970 um 7 Uhr früh

	Lufttemperatur		Schnee 0 cm		Schnee 100 cm		Schnee 200 cm		Schnee 300 cm	
	Max.	Min.	Max.	Min.	Max.	Min.	Max.	Min.	Max.	Min.
Oktober	3,7	− 12,8	− 0,6	− 9,6	0,0	− 0,8	0,0	0,0	0,0	0,0
November	1,2	− 21,3	− 2,5	− 21,5	− 1,3	− 5,2	0,0	− 2,1	0,0	− 1,0
Dezember	− 7,7	− 24,4	− 9,2	− 25,0	− 5,3	− 5,7	− 2,2	− 3,3	− 1,0	− 2,2
Jänner	− 4,5	− 18,6	− 7,8	− 20,1	− 5,8	− 8,0	− 3,3	− 4,9	− 2,2	− 3,3
Februar	− 7,8	− 27,0	− 5,3	− 28,2	− 7,2	− 7,9	− 4,9	− 5,6	− 3,3	− 4,3
März	− 5,8	− 23,2	− 8,3	− 25,0	− 7,1	− 9,2	− 6,1	− 6,3	− 5,1	− 5,2
April	− 1,0	− 21,2	− 2,0	− 20,0	− 5,7	− 7,9	− 5,7	− 6,3	− 4,9	− 5,3
Mai	− 2,5	− 17,4	− 1,2	− 13,2	− 4,6	− 6,7	− 5,0	− 6,0	− 5,0	− 5,9
Juni	+ 6,4	− 9,6	0,0	− 6,5	0,0	− 5,0	0,0	− 5,0	0,0	− 5,0

Tabelle 3. Monatsmittelwerte der Differenz zwischen der Schneetemperatur in verschiedenen Tiefen und der Lufttemperatur vom August 1969 bis Juli 1970 im Bereich des Sonnblickgipfels

	Schneetemp. 1 m − Lufttemp.	Schneetemp. 2 m − Lufttemp.	Schneetemp. 3 m − Lufttemp.	Schneetemp. 4 m − Lufttemp.
August	− 0,3	− 0,3	− 0,3	− 0,3
September	− 0,9	− 0,9	− 0,9	− 0,9
Oktober	1,4	1,4	1,4	1,4
November	5,8	7,3	8,0	8,2
Dezember	8,6	12,1	13,4	14,1
Jänner	5,2	7,6	8,8	9,4
Februar	7,6	10,9	12,4	13,0
März	5,6	7,7	8,8	9,6
April	3,2	4,2	5,1	5,8
Mai	1,1	1,1	1,3	1,8
Juni	− 2,5	− 3,5	− 4,0	− 4,0
Juli	− 0,9	− 0,9	− 0,9	− 0,9

Monaten und in Tab. 3 die Unterschiede zwischen Luft- und Schneetemperatur zusammengestellt.

3.2. Die Ausbildung großer vertikaler Temperaturgradienten innerhalb der Schneedecke

In der Schneedecke der Hochgebirgsregion kommt es vor allem in der Abkühlungsphase des Spätherbstes und Frühwinters zu großen vertikalen Temperaturgradienten (Tab. 4, Abb. 4), deren Kenntnis vor allem auch für den Lawinenfachmann von Bedeutung ist. Große Temperaturunterschiede verursachen in dem im Schnee enthaltenen Luftraum erhebliche Dampfdruckunterschiede, die sich durch Diffusion ausgleichen. Der dabei von unten nach oben erfolgende Wasserdampftransport führt zur Bildung großer Eiskristalle (Schwimmschnee), die als Gleitzonen für Lawinen wirken.

Die Maximalwerte der Temperaturgradienten liegen in den obersten Schneeschichten im Dezember. In den tieferen Schichten tritt eine Verspätung ein, so daß die größten vertikalen Temperaturgradienten zwischen 3 und 4 m Tiefe erst im März beobachtet wurden.

Tabelle 4. Monatsmittelwerte der vertikalen Temperaturunterschiede in verschiedenen Schneetiefen um 7 Uhr früh (Werte in Grad pro 100 cm)

	Okt.	Nov.	Dez.	Jän.	Febr.	März	April	Mai	Juni	Juli
0−1 m	7,0	8,0	**10,7**	7,8	8,3	7,6	3,3	0,4	− 0,7	1,4
1−2 m	0,0	1,6	**3,5**	2,4	3,3	2,0	1,1	0,0	− 1,0	0,0
2−3 m	0,0	0,5	1,3	1,3	**1,4**	1,2	0,9	0,4	− 0,4	0,0
3−4 m	0,0	0,2	0,7	0,6	0,6	**0,8**	0,7	0,5	0,0	0,0

3.3. Der „Kälteinhalt" der Schneedecke

In Anlehnung an [3] soll der Kälteinhalt q der Schneedecke als die Wärmemenge in Kalorien definiert werden, die notwendig ist, um eine Schneesäule von 1 cm² Querschnitt von einer gegebenen Temperatur auf 0° (ohne Schmelzen) zu erwärmen. Analog kann ein „totaler Kälteinhalt" Q einer Schneesäule durch die zur Erwärmung und zum Schmelzen der Schneesäule notwendigen Wärmemenge definiert werden.

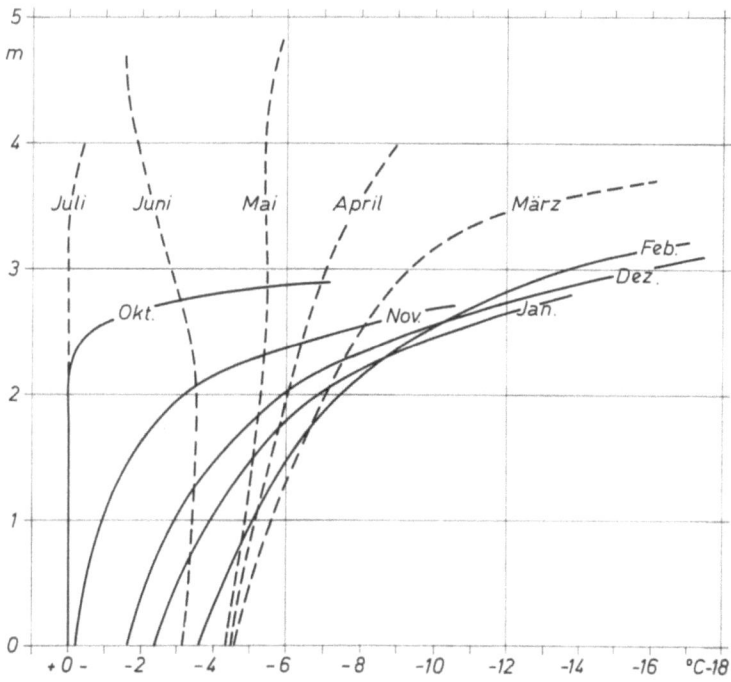

Abb. 4. Mittlere monatliche Temperaturverteilung innerhalb der Winterschneedecke am Hohen Sonnblick (Oktober 1969—Juli 1970).

Zur Berechnung des Kälteinhaltes einer Schneeschichte benötigt man neben der Temperaturverteilung $t(z)$ auch noch die Dichteverteilung $\rho(z)$ in Abhängigkeit von der Tiefe z.

Der Kälteinhalt einer Schneeschicht der Höhe Z ergibt sich sodann aus der Gleichung (1) bzw. (2):

$$q = -\int_0^z c\rho(z)t(z)\,dz \qquad (1)$$

$$Q = -\int_0^z (-s + zt[z])\,\rho(z)\,dz \qquad (2)$$

mit c = spezifische Wärme des Schnees, ρ = Schneedichte, t = Schneetemperatur, s = Schmelzwärme in cal/g, z = Vertikalkoordinate.

Entsprechend läßt sich auch die Änderung des Wärmeinhaltes der Schneedecke innerhalb eines Zeitraumes, die für Wärmehaushaltsbetrachtungen häufig benötigt wird, durch Differenzbildung bestimmen. Da in unserem Fall die Schneetemperatur nur bis zu einer bestimmten Tiefe bestimmt wurde, mußte die mit den tieferen Schneeschichten ausgetauschte Wärmemenge mit Hilfe der Wärmeleitungsgleichung bestimmt werden. Aus der Wärmeleitfähigkeit und dem Temperaturgradienten am tiefsten Punkt des Schneeprofils ergibt sich die Änderung des Kälteinhaltes des Untergrundes (**B**) gemäß Formel (3):

$$B = \int_{\tau_1}^{\tau_2} \lambda \frac{dt}{dz}\,d\tau$$

mit $\quad\lambda =$ Wärmeleitfähigkeit des Schnees,

$\dfrac{dt}{dz} =$ Temperaturgradient im Schnee,

$\tau = \tau_1 - \tau_2 =$ Zeitintervall

Nimmt man als Ausgangszeit den Spätherbst, in dem eine einheitliche Temperatur von 0° für die gesamte Schneeschichte angesetzt werden kann, so ist mit Gleichung (3) auch der Kälteinhalt der Tiefenschichten für beliebige Zeitpunkte bestimmbar.

3.4. Bestimmung der Schneedichte

Die für die Wärmeinhaltsberechnungen notwendigen Daten der Schneedichte wurden mit Hilfe monatlicher Schachtgrabungen in der näheren Umgebung der Schneetemperaturmeßstelle ermittelt. Die Messung der Schneedichte erfolgte nach der Abstichmethode und unter Verwendung einer Laufgewichtwaage. Die Dichte der aus den Vorjahren stammenden Firnschichten lag zwischen 0,55 und 0,6 g/cm³, die im Laufe des Winters abgelagerten Schneeschichten erbrachten mittlere Dichtewerte zwischen 0,2 und 0,4 g/cm³.

3.5. Die Wärmeleitfähigkeit der Schneedecke

Nach den Angaben mehrerer Autoren läßt sich die Wärmeleitfähigkeit trockener Schneeschichten in eindeutiger Weise als Funktion der Schneedichte ρ angeben.

Nach [4] gilt:
$$\lambda = 0{,}0068\ \rho^2\ (cal/cm \cdot sec \cdot grad),$$

nach [5] kann
$$\lambda = 0{,}00007 + 0{,}007\ \rho^2$$

gesetzt werden. Beide Beziehungen ergeben recht ähnliche Werte.

Nach Reuter [6] ist in den oberen Schneeschichten geringerer Dichte eine zusätzliche Wärmeleitung durch konvektive Luftströmungen in den Poren der Schneedecke anzunehmen, die zu einer wesentlichen Erhöhung der Wärmeleitfähigkeit führen muß. Für die Wärmeleitfähigkeit dichter, gesetzter Schneeschichten sind aber wesentliche konvektive Leitungsvorgänge kaum mehr anzunehmen.

Der Versuch, aus der Phasenverzögerung der jährlichen Temperaturwelle auf die Wärmeleitfähigkeit der Firnschichten der Dichte 0,55 g/cm³ zu schließen, ergab einen Wert der Temperaturleitfähigkeit von 0,0089 cm²/sec, woraus sich mit $\rho = 0{,}55$ und $c = 0{,}5$ eine Wärmeleitfähigkeit von 0,0019 cal/cm · sec · grad errechnet. Dieser Wert steht in erträglicher Übereinstimmung mit den Ergebnissen der Formel von Abel [4], wonach für Schnee der Dichte 0,55 ein Leitfähigkeitswert von 0,0021 folgt.

Unter Zugrundelegung obiger Ergebnisse findet man den in Tab. 5 wiedergegebenen Verlauf des Kälteinhaltes q.

Bei der Verwendung dieser Tabelle ist zu beachten, daß ein Anwachsen des Kälteinhaltes einerseits durch Abkühlung, andererseits aber auch durch Schneeakkumulation erfolgt. Die Tiefenskala bezieht sich auf das Nullniveau des Schneepegels und geht von unten nach oben, so daß der Beitrag größerer Schneehöhen erst im Frühjahr auftritt. Die Energiebeträge des Kälteinhaltes q erweisen sich als verhältnismäßig gering. Die sommerliche Einstrahlung weniger Schönwettertage ist in der Lage, dieses Kältereservoir aufzufüllen. Hingegen wäre zum Schmelzen der durch das Schneeprofil am 1. Juni 1970

Tabelle 5. Kälteinhalt der Schneeschichten

a) Kälteinhalt q der gesamten Schneeschichten sowie einzelner Tiefenschichten, bezogen auf das Nullniveau der Temperaturmeßanlage. Werte in cal/cm²

	1. 10.	1. 11.	1. 12.	1. 1.	1. 2.	1. 3.	1. 4.	1. 5.	1. 6.
Gesamte Schicht	2,8	107,8	373,1	490,3	691,8	863,2	868,0	896,6	**904,6**
Tiefenschicht (unter 0 m)	0,0	0,0	24,6	75,5	151,8	209,3	260,2	297,1	**322,5**
0–1 m	0,0	0,0	41,2	71,5	110,0	132,0	**137,5**	129,2	123,8
1–2 m	0,0	13,8	93,5	121,0	167,8	**173,2**	159,5	148,5	134,8
2–3 m	2,8	88,0	213,8	222,3	**262,2**	222,5	172,5	140,0	130,0
3–4 m	–	–	–	–	–	126,2	138,3	110,0	112,5
4–5 m	–	–	–	–	–	–	–	71,8	66,0
5–6 m	–	–	–	–	–	–	–	–	12,0

b) Änderung des Kälteinhaltes der gesamten Schneedecke während der einzelnen Monate

Okt.	Nov.	Dez.	Jän.	Febr.	März	April	Mai
105,0	**265,3**	117,2	201,5	171,4	4,8	28,6	8,0

erfaßten 5,2 m mächtigen Schneedecke ein etwa 20mal größerer Energiebetrag erforderlich, nämlich 19 440 cal/cm², als zur Erwärmung.

3.6. Die Erwärmung der Schneedecke im Frühjahr durch das Schmelzwasser

Erfolgt die Abkühlung der Schneedecke im Winter durch molekulare Wärmeleitung nur langsam und oberflächlich, so bewirkt das Einsickern von Schmelzwasser im Frühling und Frühsommer eine wesentlich raschere und tiefreichendere Temperaturänderung.

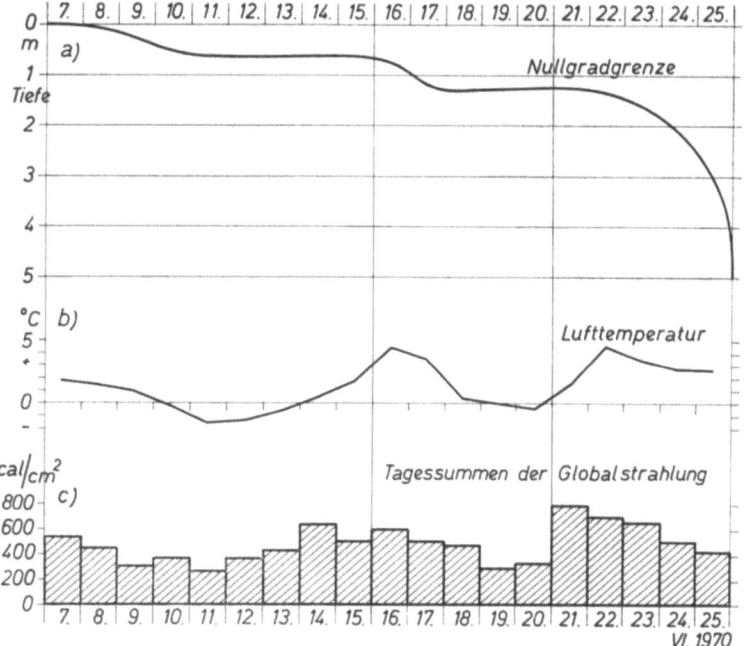

Abb. 5. Verlauf des Vordringens der Nullgradgrenze innerhalb der Schneedecke während der Schmelzperiode im Juni 1970 (a) sowie Verlauf der Tagesmitteltemperaturen (b) und der Tagessummen der Globalstrahlung (c).

Im Frühjahr 1970 verhinderte langanhaltende Kälte bis zum 5. Juni eine Schneeschmelze. Die anschließende advektive Erwärmung der Atmosphäre auf Tagestemperaturen von + 1 bis + 5 Grad erfolgte in drei Wellen mit dazwischenliegenden kurzen Abkühlungsphasen (Abb. 5). Der Übergang auf Schmelztemperatur erfolgt an der Schneeoberfläche (am 6. Juni) und in 50 cm Tiefe (am 10. Juni) während der ersten Erwärmungsphase. Die weitere Erwärmung wurde bis zum 13. durch eine Abkühlungsphase unterbrochen. Am 17. Juni erreichte die Nullgradgrenze im Schnee eine Tiefe von 1 m, bei einer Tiefe von 1,2 m blieb sie während der nächsten Abkühlungsphase bis zum 21. Juni konstant. Am 24. und 25. Juni erfolgte dann ein Schmelzwasservorstoß bis in große Tiefen der Schneedecke. Der Verlauf der Tagessummen der Globalstrahlung am Sonnblick zeigt, daß der Vorstoß der Nullgradgrenze in die Tiefe jeweils auch durch große Strahlungssummen vorbereitet wurde. Die Durchfeuchtung der Schneedecke bis in eine Tiefe von mehr als 5 Metern erfolgte im Frühling 1970 trotz mehrmaliger Unterbrechung der Schmelzphase in nur 18 Tagen.

Literatur

[1] Eckel, O.: Bodentemperatur, in F. Steinhauser, O. Eckel und F. Lauscher: Klimatographie von Österreich, Österr. Akademie d. Wissenschaften, Denkschriften der Gesamtakademie, Band 3, 2. Lief. Wien 1960.

[2] Geiger, R.: Das Klima der bodennahen Luftschicht. Braunschweig 1961.

[3] Eckel, O., und Chr. Thams: Untersuchungen über die Dichte-, Temperatur- und Strahlungsverhältnisse der Schneedecke in Davos. Der Schnee und seine Metamorphose. Beiträge zur Geologie der Schweiz, Geotechnische Serie, Hydrologie, Lieferung 3. Bern 1939.

[4] Abels, H.: Beobachtungen der täglichen Periode im Schnee und Bestimmung des Wärmeleitvermögens des Schnees als Funktion der Dichte. Rep. Meteor. Petersburg 16, Nr. 1, 31, 32 (1892).

[5] Devaux, J.: L'économie radio-termique des champs de neige et des glaciers. Ann. Physique 20, Nr. 2 (1933).

[6] Reuter, H.: Über die Theorie des Wärmehaushaltes einer Schneedecke. Archiv Met., Geoph., Biokl., Ser. A, 1, 62–92 (1949).

Die Änderungen der Sonnenscheindauer in Österreich in neuerer Zeit

(Ergänzung zu „Die säkularen Änderungen der Sonnenscheindauer in den Ostalpen")

Von Ferdinand Steinhauser, Wien

Mit 3 Abbildungen

Im Jahresbericht des Sonnblick-Vereines für die Jahre 1953 bis 1955 wurde über die säkularen Änderungen der Sonnenscheindauer in den Ostalpen berichtet. Dabei konnten Reihen der Sonnenscheinregistrierungen von Wien seit 1881, von Kremsmünster seit 1884, von Innsbruck seit 1906, von Klagenfurt seit 1884 und von den Bergstationen Obir von 1884 bis 1943 und Sonnblick seit 1887 verwendet werden. Da seither nahezu 20 Jahre vergangen sind, erscheint es zweckmäßig, die Fortsetzung dieser Beobachtungsreihe bis in die neueste Zeit in Betracht zu ziehen. In dem früheren Bericht wurden im Anhang auch die Monats- und Jahressummen der Sonnenscheinstunden für jedes Jahr der Beobachtungsreihe bis 1955 wiedergegeben. Zur Fortsetzung dieser Reihe sind für die angegebenen Stationen wieder die Monats- und Jahressummen der Sonnenscheinstunden der einzelnen Jahre von 1956 bis 1972 in Tab. 1 zusammengestellt.

Tabelle 1. Monats- und Jahressummen der Sonnenscheinstunden in Wien-Hohe Warte, Kremsmünster, Innsbruck, Klagenfurt, auf der Villacher Alpe und auf dem Sonnblick in den Jahren 1956 bis 1972

	Jan.	Febr.	März	April	Mai	Juni	Juli	Aug.	Sept.	Okt.	Nov.	Dez.	Jahr
a) Wien-Hohe Warte, 203 m													
1956	110	72	131	157	261	201	291	232	261	159	45	19	1939
57	52	61	154	180	228	270	217	254	139	179	52	36	1822
58	77	63	127	151	260	214	274	247	193	86	14	61	1767
59	76	103	128	194	238	228	216	255	243	197	59	27	1964
60	61	118	95	170	209	243	200	237	175	122	91	40	1761
1961	93	54	166	222	226	279	258	271	250	140	53	53	2065
62	57	60	119	185	196	233	253	278	211	191	22	57	1862
63	61	79	123	187	250	246	300	231	174	144	75	49	1919
64	64	96	61	183	229	262	286	229	191	119	33	28	1781
65	34	96	142	133	150	225	215	221	170	173	53	67	1679
66	45	78	90	185	246	245	240	226	187	112	37	62	1753
67	77	117	147	178	238	283	307	236	158	154	99	66	2060
68	69	72	181	213	229	266	263	175	156	112	37	41	1814
69	27	57	101	240	279	198	305	205	182	175	97	21	1887
70	23	64	91	143	212	240	243	205	212	105	70	50	1658
1971	68	63	79	183	246	202	292	257	152	203	58	55	1858
72	31	30	168	101	159	233	216	194	145	138	95	90	1600

Tabelle 1 (Fortsetzung)

	Jan.	Febr.	März	April	Mai	Juni	Juli	Aug.	Sept.	Okt.	Nov.	Dez.	Jahr
b) Kremsmünster, 388 m													
1956	94	80	148	121	237	154	256	219	229	102	38	26	1704
57	63	54	145	178	192	264	199	222	107	131	46	30	1631
58	88	57	136	133	246	200	238	219	180	50	4	53	1604
59	69	100	139	210	245	205	199	212	252	184	44	28	1887
60	46	82	141	159	206	202	175	178	167	100	74	35	1565
1961	79	62	147	186	148	238	229	243	233	135	65	44	1809
62	43	48	118	156	156	199	210	270	194	141	36	53	1624
63	33	82	118	148	204	228	276	211	134	125	68	61	1688
64	60	85	69	155	200	215	300	200	170	94	35	22	1605
65	43	70	114	131	125	214	193	211	148	147	44	30	1470
66	48	72	96	179	218	229	184	164	148	105	45	35	1523
67	55	125	97	161	234	221	268	214	149	146	46	52	1768
68	46	65	165	212	192	198	211	138	144	98	25	51	1545
69	13	68	113	198	239	177	273	189	177	150	93	15	1705
70	42	46	90	125	157	257	221	204	171	81	56	48	1498
1971	92	59	111	193	225	189	299	274	155	217	60	37	1911
72	55	53	195	93	153	207	185	233	160	138	55	79	1606
c) Innsbruck, 582 m													
1956	80	113	150	126	210	128	246	201	214	166	61	79	1774
57	84	101	194	176	139	218	166	195	135	197	92	81	1778
58	87	81	143	149	214	185	221	214	221	121	55	62	1753
59	85	194	129	214	194	134	212	185	234	192	93	62	1928
60	74	93	150	156	207	188	176	198	149	109	75	67	1642
1961	74	114	209	154	147	212	216	248	235	186	101	71	1967
62	66	88	154	170	161	187	213	267	205	199	76	82	1868
63	58	115	131	158	170	190	244	201	168	178	98	93	1804
64	133	106	111	175	213	203	250	212	216	85	54	51	1809
65	59	96	143	127	132	196	194	203	187	210	65	43	1655
66	75	82	122	175	200	207	176	159	215	143	98	41	1693
67	80	116	128	172	211	196	224	215	144	218	85	66	1855
68	78	108	178	221	190	202	203	143	170	159	75	81	1808
69	93	108	140	167	238	152	224	157	194	220	115	79	1887
70	85	49	123	114	150	221	224	182	219	155	102	86	1710
1971	95	106	136	213	194	175	286	250	216	226	84	114	2095
72	95	113	205	100	157	185	170	226	171	183	111	123	1839
d) Klagenfurt, 451 m													
1956	85	126	131	127	247	192	273	241	234	140	46	43	1885
57	101	125	189	190	162	266	247	244	161	104	38	72	1899
58	106	134	203	174	307	209	272	265	195	131	9	54	2059
59	135	162	136	223	214	194	249	202	217	158	46	26	1962
60	80	103	88	160	206	253	253	243	148	116	42	29	1721
1961	64	145	241	179	209	245	244	300	254	110	50	60	2101
62	65	124	126	183	201	211	233	274	192	130	17	69	1825
63	80	110	167	193	217	270	296	256	160	120	75	28	1972

Tabelle 1 (Fortsetzung)

	Jan.	Febr.	März	April	Mai	Juni	Juli	Aug.	Sept.	Okt.	Nov.	Dez.	Jahr
1964	103	162	87	180	241	254	301	241	208	58	62	20	1917
65	57	154	195	156	188	219	261	222	174	171	33	32	1862
66	74	101	161	207	275	263	234	197	182	135	47	60	1936
67	105	147	177	194	258	264	268	227	147	161	50	62	2060
68	86	102	227	245	245	200	276	203	157	138	27	37	1943
69	36	74	135	213	270	208	280	194	167	161	108	38	1884
70	40	109	132	149	226	266	273	215	227	144	95	36	1912
1971	33	150	137	205	233	207	295	290	194	229	82	66	2121
72	43	53	178	122	197	252	178	240	162	130	74	20	1649

e) Villacher Alpe, 2140 m

	Jan.	Febr.	März	April	Mai	Juni	Juli	Aug.	Sept.	Okt.	Nov.	Dez.	Jahr
1956	119	122	137	53	235	149	235	184	236	192	92	160	1914
57	128	198	198	189	121	201	216	205	159	229	124	145	2113
58	167	110	193	146	282	164	251	266	204	206	91	113	2193
59	164	239	105	202	144	153	239	153	214	210	81	92	1996
60	115	110	67	157	196	226	224	200	106	83	94	76	1654
1961	136	197	261	127	154	165	208	294	278	152	123	108	2203
62	147	122	116	178	148	182	236	245	176	202	79	121	1952
63	82	136	164	153	166	207	245	204	164	179	67	140	1907
64	237	166	97	133	210	205	276	221	204	79	131	108	2067
65	81	182	180	132	168	200	207	190	137	265	93	115	1950
66	142	95	154	152	217	212	160	158	222	73	89	91	1765
67	158	182	139	165	175	198	226	193	155	208	111	148	2058
68	131	110	198	183	173	156	247	116	120	206	80	144	1864
69	127	80	151	182	236	152	243	160	149	266	111	106	1963
70	124	129	118	123	152	185	228	178	229	207	145	150	1968
1971	81	176	142	156	172	104	253	290	226	278	97	175	2150
72	116	53	166	108	145	225	163	236	153	170	169	147	1851

f) Sonnblick, 3106 m

	Jan.	Febr.	März	April	Mai	Juni	Juli	Aug.	Sept.	Okt.	Nov.	Dez.	Jahr
1956	142	135	96	87	150	113	188	157	207	185	84	146	1690
57	119	64	175	140	137	125	139	144	130	240	136	136	1685
58	134	89	137	111	188	131	144	163	190	127	114	106	1634
59	98	222	118	179	162	147	153	142	256	187	105	72	1841
60	73	88	93	107	156	129	124	146	141	72	90	87	1306
1961	149	138	218	125	126	179	171	236	250	165	127	98	1982
62	104	106	137	131	114	148	187	218	207	221	75	98	1746
63	72	132	138	113	147	137	195	154	146	196	87	163	1680
64	211	132	120	123	166	156	199	180	176	80	102	98	1743
65	68	97	156	106	84	164	158	162	112	276	76	63	1522
66	114	68	116	146	185	152	126	143	214	94	110	40	1508
67	125	155	117	144	161	175	198	173	108	212	130	108	1806
68	85	100	202	173	135	108	184	68	119	195	118	134	1621
69	114	75	155	195	196	99	210	108	194	245	109	106	1806
70	128	62	102	104	106	162	168	165	180	162	128	140	1607
1971	90	111	122	164	119	98	246	223	168	249	87	146	1823
72	136	98	192	96	113	165	115	173	113	219	130	163	1713

Da die Station auf dem Obir im Jahre 1944 durch Kriegseinwirkung zerstört worden ist, werden nun zur Fortsetzung dieser Reihe die Sonnenscheinregistrierungen auf der Villacher Alpe verwendet, die bereits in der früheren Arbeit zur Erweiterung der Beobachtungsreihe des Obir benutzt worden sind. Auf der Villacher Alpe haben die Sonnenscheinregistrierungen im Jahre 1933 begonnen. In den Jahren 1934 bis 1943 wurden an beiden Stationen folgende Jahressummen der Sonnenscheinstunden registriert:

Jahr	1934	1935	1936	1937	1938	1939	1940	1941	1942	1943
					Stunden					
Obir	1687	1797	1491	1438	1842	1749	1589	1742	1880	2143
Villacher Alpe	1900	1941	1660	1677	2113	1810	1829	1905	2016	2274

In den einzelnen Monaten betrugen die Differenzen Villacher Alpe — Obir im 10jährigen Mittel:

Jan.	Febr.	März	April	Mai	Juni	Juli	Aug.	Sept.	Okt.	Nov.	Dez.
14	13	16	5	11	27	32	22	2	7	13	15
					Stunden						

Der Vergleich der Parallelregistrierungen von 1934 bis 1943 zeigt, daß die Änderungen der Jahressummen an beiden Stationen vollkommen gleichsinnig erfolgten (Abb. 1), daß aber die Jahressummen der Sonnenscheinstunden auf der Villacher Alpe durchschnittlich um 177 Stunden größer sind als auf dem Obir, was vermutlich durch die orographischen Verhältnisse verursacht ist.

Was die Jahressummen der Sonnenscheinstunden betrifft, so zeigt sich (Abb. 1), daß seit einem Maximum Ende der vierziger Jahre die Sonnenscheindauer in Kremsmünster beträchtlich, in Wien und Innsbruck mäßig abgenommen hat und in Klagenfurt nach einer geringen Abnahme sogar bis Ende der sechziger Jahre wieder eine Zunahme erfolgt ist. Die extremen 5jährigen Mittel betrugen seit dem Lustrum 1928/1932:

In Wien-Hohe Warte:	Maximum/Stunden	1990	2019	1914	1855
	Lustrum	1931/35	1946/50	1959/63	1967/71
	Minimum/Stunden	1751	1804	1799	1763
	Lustrum	1937/41	1954/58	1962/66	1968/72
In Kremsmünster:	Maximum/Stunden	1792	1904	1715	1685
	Lustrum	1931/35	1946/50	1959/63	1967/71
	Minimum/Stunden	1668	1589	1584	
	Lustrum	1936/40	1954/58	1964/68	
In Innsbruck:	Maximum/Stunden	1805	1919	1842	1871
	Lustrum	1928/32	1947/51	1959/63	1967/71
	Minimum/Stunden	1587	1728	1763	
	Lustrum	1936/40	1954/58	1963/67	
In Klagenfurt:	Maximum/Stunden	—	1973	1984	
	Lustrum	—	1945/49	1967/71	
	Minimum/Stunden	1758	1846		
	Lustrum	1930/34	1951/55		

Auf der Villacher Alpe:	Maximum/Stunden	—	2111	2032	2001
	Lustrum	—	1945/49	1957/61	1967/71
	Minimum/Stunden	1818	1894	1920	
	Lustrum	1936/40	1951/55	1965/69	
Auf dem Sonnblick:	Maximum/Stunden	1780	1785	1735	1733
	Lustrum	1928/32	1942/46	1961/65	1967/71
	Minimum/Stunden	1502	1631	1640	
	Lustrum	1936/40	1956/60	1964/68	

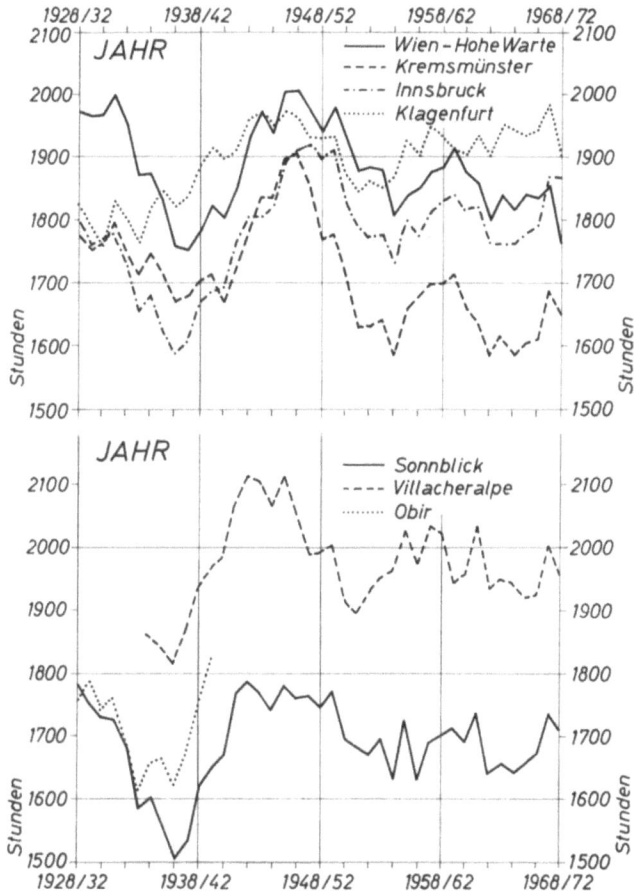

Abb. 1. Schwankungen der Jahressummen der Sonnenscheinstunden in Wien, Kremsmünster, Innsbruck, Klagenfurt, auf der Villacher Alpe und auf dem Sonnblick nach übergreifenden 5jährigen Mittelwerten vom Lustrum 1928/32 bis zum Lustrum 1968/72.

Der Vergleich dieser extremen Lustrum-Mittelwerte mit den extremen 5jährigen Mittelwerten seit Beginn der Beobachtungsreihen zeigt, daß in Wien und in Kremsmünster das Lustrummittel von 1946/50, in Innsbruck das von 1947/51 und auf dem Sonnblick auch das Lustrummittel von 1942/46, dem dort mit 1781 Stunden das Lustrum von 1945/49 sehr nahekommt, die bisher höchsten 5jährigen Mittelwerte darstellen; in Klagenfurt ist das Lustrummittel von 1917/21 mit 2029 Stunden größer als das von 1945/49. Die kleinsten 5jährigen Mittelwerte sind aber in früheren Zeiten stark unterboten worden: sie betrugen in Wien 1912/16 1662 Stunden, in Kremsmünster 1912/16 1538 Stunden, in Innsbruck 1906/10 1555 Stunden, in Klagenfurt 1901/05 1707 Stunden und auf dem Sonnblick 1906/10 1413 Stunden.

Die in den letzten 30 Jahren vorgekommenen Extremwerte der Jahressummen der Sonnenscheinstunden sind der Tab. 2 zu entnehmen. Diese Werte wurden allerdings in den einzelnen Stationen in früheren Jahren zum Teil übertroffen oder unterschritten.

Tabelle 2. Durchschnittliche, größte und kleinste Monats- und Jahressummen der Sonnenscheinstunden in Wien-Hohe Warte, Kremsmünster, Innsbruck, Klagenfurt, auf der Villacher Alpe und auf dem Sonnblick in den Jahren 1941 bis 1970

	Jan.	Febr.	März	April	Mai	Juni	Juli	Aug.	Sept.	Okt.	Nov.	Dez.	Jahr
a) Wien-Hohe Warte, 202 m													
Mittel	57	79	131	186	233	242	263	249	198	140	56	47	1882
Maximum	110	141	228	306	284	283	321	310	261	197	99	81	2141
Jahr	1956	1949	1943	1946	1948	1967	1952	1944	1956	1959	1967	1941	1953
Minimum	23	12	54	100	150	198	200	175	139	83	14	19	1658
Jahr	1970	1947	1944	1942	1965	1969	1960	1968	1957	1944	1958	1956	1970
b) Kremsmünster, 388 m													
Mittel	54	73	132	172	211	216	236	221	176	120	49	37	1697
Maximum	94	137	249	286	283	286	300	296	252	192	93	65	1986
Jahr	1956	1943	1943	1946	1950	1950	1964	1944	1959	1947	1969	1949	1947
Minimum	13	15	32	111	125	154	155	138	107	50	4	13	1462
Jahr	1969	1952	1944	1954	1965	1956	1954	1968	1957	1958	1958	1952	1955
c) Innsbruck, 582 m													
Mittel	77	102	155	171	193	191	213	203	189	160	85	68	1808
Maximum	133	194	245	236	266	261	266	267	234	220	145	97	2003
Jahr	1964	1959	1953	1946	1950	1950	1945	1962	1959	1969	1953	1951	1953
Minimum	38	49	76	107	132	128	145	143	135	85	54	41	1572
Jahr	1942	1970	1944	1954	1965	1956	1954	1968	1957	1964	1964	1954	1954
d) Klagenfurt, 447 m													
Mittel	78	118	167	191	221	233	255	244	186	125	56	42	1918
Maximum	135	189	276	260	293	270	301	300	254	184	115	78	2101
Jahr	1959	1949	1953	1946	1950	1947	1964	1961	1961	1942	1952	1941	1961
Minimum	36	31	87	127	137	174	201	194	143	58	9	16	1677
Jahr	1969	1947	1964	1956	1947	1954	1946	1969	1950	1964	1958	1952	1954
e) Villacher Alpe, 2140 m													
Mittel	132	137	164	163	180	192	229	215	184	166	111	114	1989
Maximum	237	239	284	234	282	278	276	312	278	266	214	160	2274
Jahr	1964	1959	1953	1955	1958	1945	1964	1943	1961	1969	1953	2956	1943
Minimum	68	24	67	53	109	121	151	116	106	73	67	41	1654
Jahr	1951	1947	1960	1956	1954	1954	1954	1968	1960	1966	1963	1950	1960
f) Sonnblick, 3106 m													
Mittel	112	107	148	145	153	151	175	167	169	165	108	106	1707
Maximum	211	222	240	227	224	226	257	236	256	276	203	171	1982
Jahr	1964	1959	1953	1946	1953	1950	1945	1943	1959	1965	1953	1948	1961
Minimum	68	34	85	87	84	84	98	68	104	72	59	40	1306
Jahr	1965	1947	1947	1956	1965	1953	1954	1968	1952	1960	1949	1966	1960

Seit Beginn der Sonnenscheinregistrierungen kamen an folgenden Stationen größere Jahressummen der Sonnenscheinstunden vor, als in Tab. 2 als Höchstwerte angegeben sind: in Wien-Hohe Warte 2251 Stunden, in Kremsmünster 2132 Stunden, in Innsbruck

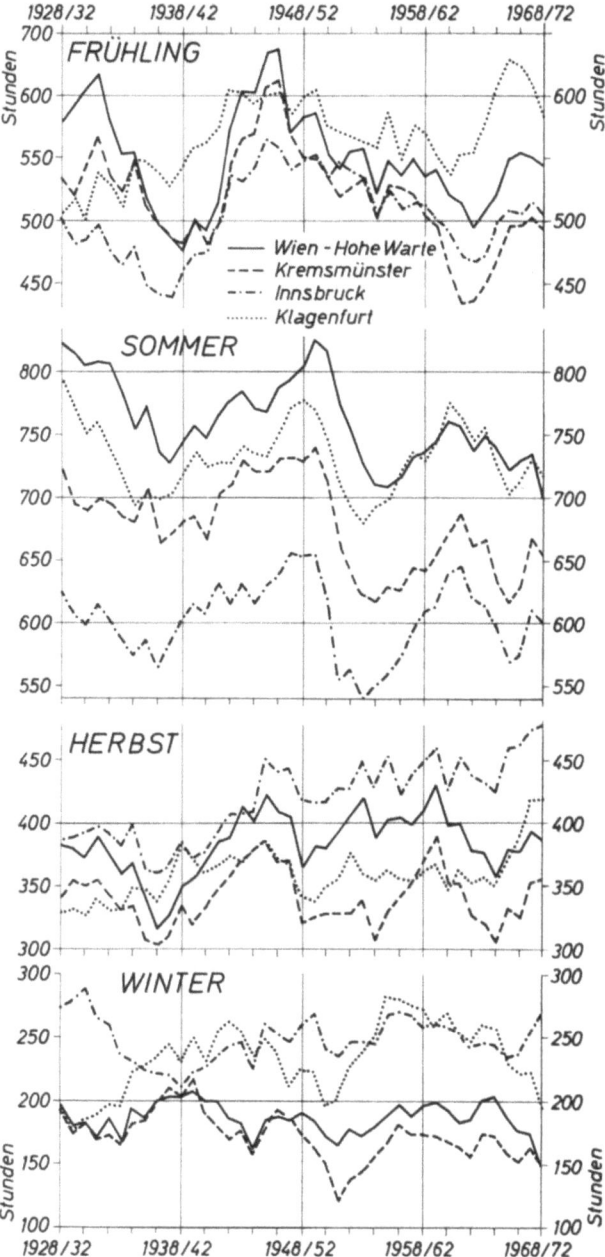

Abb. 2. Schwankungen der Jahreszeitensummen der Sonnenscheinstunden in Wien, Kremsmünster, Innsbruck und Klagenfurt nach übergreifenden 5jährigen Mittelwerten vom Lustrum 1928/32 bis zum Lustrum 1968/72.

2028 Stunden und in Klagenfurt 2280 Stunden, alle im Jahre 1921, das demnach das sonnenscheinreichste Jahr seit 1881 war. Kleinere Jahressummen der Sonnenscheinstunden als die als Minimum in Tab. 2 angegebenen gab es an folgenden Stationen seit Beginn der Beobachtungsreihe: in Wien-Hohe Warte 1552 Stunden im Jahre 1925, in Kremsmünster 1310 Stunden im Jahre 1912, in Innsbruck 1342 Stunden ebenfalls im Jahr 1912, in Klagenfurt 1540 Stunden im Jahre 1889 und auf dem Sonnblick 1261 Stunden im Jahre 1910. Dies waren die bisher sonnenscheinärmsten Jahre.

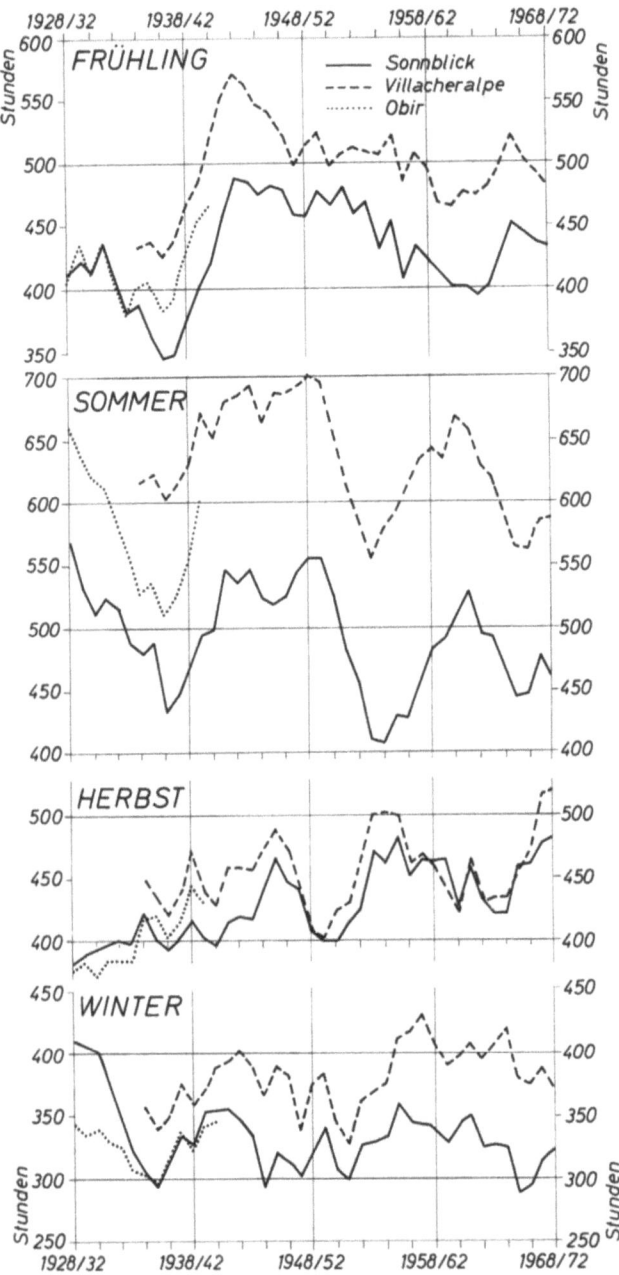

Abb. 3. Schwankungen der Jahreszeitensummen der Sonnenscheinstunden auf dem Obir, auf der Villacher Alpe und auf dem Sonnblick nach übergreifenden 5jährigen Mittelwerten vom Lustrum 1928/32 bis zum Lustrum 1968/72.

Von Interesse für die Wirtschaft und im besonderen für die Landwirtschaft und für den Fremdenverkehr sind die möglichen Schwankungen der Sonnenscheinstunden in den einzelnen Jahreszeiten. Nach übergreifenden 5jährigen Mittelwerten geglättet, zeigen in

Ergänzung zur früheren Bearbeitung der säkularen Änderungen der Sonnenscheindauer die Abb. 2 für die Stationen der Niederung und die Abb. 3 für die beiden Bergstationen diese Schwankungen seit 1930. Die relativen Extremwerte der Lustrenmittel der letzten 4 Jahrzehnte sind für die einzelnen Stationen der Tab. 3 zu entnehmen.

Tabelle 3. Eintrittszeiten der Maxima und Minima der 5jährigen Mittelwerte der Sonnenscheinstunden in den vier Jahreszeiten seit 1930 in Wien, Kremsmünster, Innsbruck, Klagenfurt, auf der Villacher Alpe und auf dem Sonnblick

(Die in der Tabelle eingetragenen Jahreszahlen beziehen sich auf die Mitte des Lustrums)

	Wien		Kremsmünster		Innsbruck		Klagenfurt		Villacher Alpe		Sonnblick	
	Stunden	Lustrum	Stunden	Lustrum	Stunden	Lustrum	Stunden	Lustrum	Stunden	Lustrum	Stunden	Lustrum
a) Frühling:												
Maximum	617	1933	567	1933	497	1933	—	—	—	—	437	1933
Minimum	478	1940	483	1940	440	1939	502	1932	426	1938	345	1938
Maximum	638	1948	612	1948	565	1947	606	1951	573	1944	489	1944
Minimum	496	1964	435	1963	468	1964	536	1962	465	1962	394	1964
Maximum	555	1968	502	1969	515	1969	629	1967	521	1967	452	1967
b) Sommer:												
Maximum	823	1930	725	1930	636	1929	804	1929	—	—	569	1930
Minimum	729	1939	663	1938	564	1938	694	1936	601	1938	433	1938
Maximum	825	1951	740	1951	657	1951	777	1950	701	1950	556	1950
Minimum	709	1957	618	1956	539	1955	681	1955	556	1955	409	1956
Maximum	761	1962	687	1963	647	1963	775	1962	668	1962	529	1963
Minimum	699	1970	617	1967	570	1967	703	1967	562	1968	446	1967
c) Herbst:												
Maximum	390	1933	355	1933	397	1933	—	—	—	—	—	—
Minimum	317	1938	303	1938	360	1938	328	1930	421	1938	382	1930
Maximum	421	1947	385	1947	453	1947	386	1947	490	1947	465	1947
Minimum	365	1950	307	1956	417	1952	338	1951	405	1951	400	1952
Maximum	429	1961	390	1961	460	1961	375	1954	503	1956	483	1957
Minimum	358	1966	309	1966	425	1966	348	1962	423	1962	422	1966
Maximum	394	1969	356	1970	480	1970	419	1970	521	1970	483	1970
d) Winter:												
Maximum	196	1930	191	1930	290	1932	—	—	—	—	410	1930
Minimum	168	1935	166	1935	211	1940	174	1931	339	1937	293	1937
Maximum	207	1941	215	1941	269	1951	262	1944	402	1944	355	1943
Minimum	162	1946	121	1953	235	1953	197	1952	330	1953	293	1946
Maximum	204	1966	180	1958	270	1958	282	1957	430	1959	359	1957
Minimum	147	1970	148	1970	235	1967	193	1970	370	1970	289	1967

Im Frühling fallen in Abb. 2 sonnenscheinreiche Zeiten um das Jahr 1947 an allen Stationen der Niederung auf, während auf den Bergstationen (Abb. 3) das Maximum etwas verfrüht bereits im Lustrum 1942/46 eingetreten ist. In Wien und in Kremsmünster fand sich ein relatives Sonnenscheinmaximum auch in der Zeit um 1933 und eine sonnenscheinarme Zeit um 1940. In Klagenfurt hat die Sonnenscheindauer vom Beginn der dreißiger Jahre bis zum Maximum um 1947 zugenommen, während in Innsbruck die Sonnenscheindauer von einem Maximum, das bereits im Lustrum um 1922 eingetreten war, bis zum Minimum um 1939 abgenommen hat. Auf den Bergstationen fiel das Minimum der Lustrenmittel der Sonnenscheindauer auf die Zeit um 1938. Nach dem Maximum um 1947 hat an allen Stationen die Sonnenscheindauer abgenommen bis zu einem Minimum um 1964 in Wien, Kremsmünster, Innsbruck und auf dem Sonnblick und bis zum Minimum um 1962 in Klagenfurt und auf der Villacher Alpe. Die Abnahme war in Klagenfurt am kleinsten; dort erfolgte aber ein starker Anstieg der Sonnenscheindauer bis zu einem Maximum um 1967, während dieser Anstieg an den übrigen Stationen wesentlich geringer war.

Die in Tab. 3 angeführten Höchstwerte der Lustrenmittel der Sonnenscheindauer im Frühling sind seit Beginn der Beobachtungsreihen der einzelnen Stationen nie übertroffen worden, so daß die Zeit um 1947 als die im Frühling sonnenscheinreichste Zeit seit 1881 angesehen werden kann. Die kleinsten in Tab. 3 angeführten Lustrenmittel sind in früheren Zeiten nur in Klagenfurt 1895/99 mit 465 Stunden und auf dem Sonnblick ebenfalls 1895/99 mit 310 Stunden unterboten worden.

Die in den einzelnen Jahren an den einzelnen Stationen in den 30 Jahren von 1941 bis 1970 vorgekommenen Extremwerte der Sonnenscheindauer in den vier Jahreszeiten sind der Tab. 4 zu entnehmen. Daraus ist ersichtlich, daß die Schwankungsweite zwischen Maximum und Minimum, ausgedrückt in Prozenten der 30jährigen Durchschnittswerte, an allen Stationen im Winter relativ am größten und im Sommer relativ am kleinsten sind. Die in Tab. 4 angegebenen Höchstwerte der Sonnenscheinstunden im Frühling sind in früheren Zeiten nur in Kremsmünster 1921 mit 690 Stunden und in Innsbruck 1920 mit 702 Stunden übertroffen worden. Die in Tab. 3 angeführten kleinsten Werte der Sonnenscheinstunden im Frühling sind nur in Klagenfurt 1928 mit 373 Stunden und auf dem Sonnblick 1897 mit 230 Stunden unterschritten worden.

Im Sommer sind die Änderungen der Sonnenscheindauer in den letzten 4 Jahrzehnten an allen Stationen ziemlich gleichartig verlaufen (Abb. 2 und 3). Von einem Minimum der Lustrenmittel Ende der dreißiger Jahre erfolgte ein Anstieg auf ein Maximum um 1951, der auf den Bergstationen rascher vor sich ging als an den Stationen der Niederung. Nach einem raschen und starken Abfall zu einem Minimum um 1956 nahm die Sonnenscheindauer wieder allmählich zu einem gemäßigten Maximum um 1963 zu, worauf wieder ein Abfall zu einem Minimum um 1967 erfolgte.

Die in Tab. 3 angeführten Höchstwerte der Lustrenmittel der Sonnenscheindauer im Sommer sind seit Beginn der Beobachtungsreihen der einzelnen Stationen nur in Kremsmünster 1901/05 mit 761 Stunden übertroffen worden. Die sonnenscheinreichste Sommerzeit seit 1881 ist in den Jahren um 1930 zu finden. Die kleinsten in Tab. 3 angeführten Lustrenmittel des Sommers sind in früheren Jahren in Wien 1912/16 mit 679 Stunden, in Kremsmünster 1909/13 mit 558 Stunden, in Innsbruck ebenfalls 1909/13 mit 533 Stunden und in Klagenfurt 1922/26 mit 670 Stunden als kleinste Werte unterboten worden.

Die in den einzelnen Jahren im Sommer an den verschiedenen Stationen zwischen 1941 und 1970 vorgekommenen Extremwerte und die Mittelwerte dieser Periode sind in Tab. 4 wiedergegeben. Die Höchstwerte dieser Periode sind in früheren Zeiten in Wien 1917 mit 893 Stunden, in Kremsmünster 1887 mit 899 Stunden, in Klagenfurt 1928 mit 901 Stunden und auf dem Sonnblick ebenfalls 1928 mit 670 Stunden übertroffen worden. Die Minima der Tab. 4 sind in früheren Zeiten im Sommer in Wien 1925 mit 611 Stunden, in Kremsmünster 1926 mit 513 Stunden, in Klagenfurt 1889 mit 584 Stunden und auf dem Sonnblick 1896 mit 299 Stunden als bisherige Kleinstwerte unterboten worden.

Im Herbst verlaufen in der durch über 5jährige Mittelwerte geglätteten Reihe die Änderungen der Sonnenscheindauer an den Stationen der Niederung in ähnlicher Art

Tabelle 4. Durchschnittliche, größte und kleinste Sonnenscheinstunden in den vier Jahreszeiten von 1941 bis 1970

		Winter	Frühling	Sommer	Herbst
a) Wien-Hohe Warte:	Mittel	184	550	755	395
	Maximum	262	737	875	502
	Jahr	1948/49	1946	1952	1947
	Minimum	125	410	644	293
	Jahr	1968/69	1942	1955	1958
	Schwankungsweite, %	74	59	31	53
b) Kremsmünster:	Mittel	165	514	673	345
	Maximum	254	687	815	480
	Jahr	1942/43	1946	1950	1959
	Minimum	87	348	547	228
	Jahr	1954/55	1944	1968	1952
	Schwankungsweite, %	101	66	40	73
c) Innsbruck:	Mittel	247	516	607	434
	Maximum	377	653	726	529
	Jahr	1948/49	1953	1950	1969
	Minimum	184	387	484	315
	Jahr	1941/42	1970	1954	1952
	Schwankungsweite, %	78	52	40	49
d) Klagenfurt:	Mittel	241	579	732	367
	Maximum	351	717	822	473
	Jahr	1959/60	1968	1963	1942
	Minimum	138	441	617	296
	Jahr	1951/52	1954	1954	1950
	Schwankungsweite, %	88	48	28	48
e) Villacher Alpe:	Mittel	395	508	642	462
	Maximum	543	655	774	581
	Jahr	1963/64	1943	1952	1970
	Minimum	192	379	478	283
	Jahr	1950/51	1954	1954	1960
	Schwankungsweite, %	89	54	46	64
f) Sonnblick:	Mittel	326	445	493	442
	Maximum	506	617	638	548
	Jahr	1963/64	1953	1950	1959
	Minimum	218	312	333	272
	Jahr	1947/48	1970	1954	1952
	Schwankungsweite, %	88	69	62	63

(Abb. 2): Einem Minimum um 1938 folgt ein Maximum um 1947, und nach verhältnismäßig geringer Abnahme, die in Kremsmünster am stärksten ist und dort um 1956 ein deutliches Minimum erreicht, während an den übrigen Stationen dieses Minimum bereits um 1950 eingetreten ist, nochmals ein etwas größeres weiteres Maximum um 1961. Nach einem Abfall zu einem Minimum um 1966, das nur in Wien und Kremsmünster deutlich in Erscheinung tritt, folgt ein Anstieg bis zu einem Maximum um 1970. In Klagenfurt findet sich das Minimum bereits um 1930, und das Maximum um 1961 fällt dort nicht besonders auf. Auf den Bergen begann die Zunahme der Sonnenscheindauer ebenfalls bereits um 1930 (Abb. 3); nach dem Maximum um 1947 folgte dort ein deutlicher Abfall zu einem Minimum um 1951 und weiter eine deutliche Zunahme bis zu einem Maximum um 1956. Das Maximum um 1961 fehlt auf den Bergen vollständig. Im Herbst macht sich in den unterschiedlichen Änderungen der Jahreszeitensummen der Sonnenscheinstunden bereits die häufige Nebelbildung in der Niederung bemerkbar, die auch für die Unterschiede zwischen der Donauniederung, den inneren Alpentälern und dem Kärntner Becken zum Großteil verantwortlich ist.

Die in Tab. 3 angeführten Höchstwerte der Lustrenmittel der Sonnenscheinstunden im Herbst sind seit Beginn der Beobachtungsreihe der einzelnen Stationen nur in Kremsmünster 1898/1902 mit 393 Stunden und in Klagenfurt 1917/21 mit 436 Stunden übertroffen worden, während die Minima der Lustrenmittel der Sonnenscheinstunden des Herbstes der Periode 1930 bis 1970 in Wien 1912/16 mit 296 Stunden, in Kremsmünster ebenfalls 1912/16 mit 259 Stunden, in Innsbruck ebenfalls 1912/16 mit 332 Stunden, in Klagenfurt 1909/13 mit 306 Stunden und auf dem Sonnblick 1901/05 mit 355 Stunden als bisherige Kleinstwerte unterschritten worden sind. Die Zeit um 1914 scheint im Herbst die sonnenscheinärmste Zeit in den Niederungen gewesen zu sein.

Über die Mittelwerte der Sonnenscheinstunden und die in einzelnen Jahren aufgetretenen Höchst- und Tiefstwerte der Sonnenscheinstunden im Herbst der Periode 1941 bis 1970 gibt wieder die Tab. 4 Aufschluß. Die darin angeführten Höchstwerte wurden in früheren Zeiten nur in Klagenfurt 1921 mit 530 Stunden und auf dem Sonnblick ebenfalls 1921 mit 583 Stunden übertroffen, während die Minima der Sonnenscheinstunden dieser Periode in früheren Zeiten in Wien 1922 mit 215 Stunden, in Kremsmünster 1912 mit 127 Stunden, in Innsbruck ebenfalls 1912 mit 230 Stunden, in Klagenfurt wieder 1912 mit 240 Stunden und auf dem Sonnblick 1896 mit 199 Stunden als bisherige Kleinstwerte der herbstlichen Sonnenscheinstunden unterschritten worden sind.

Im Winter weisen ebenfalls wie im Herbst die Änderungen der Sonnenscheinstunden, nach übergreifenden 5jährigen Mittelwerten beurteilt, an den Stationen der Niederung größere Unterschiede auf (Abb. 2), während diese Änderungen auf den Bergstationen in annähernd gleicher Art erfolgt sind (Abb. 3). In Wien und Kremsmünster erfolgten diese Änderungen ziemlich unregelmäßig mit relativ geringen Schwankungen. Am deutlichsten heben sich noch in Kremsmünster ein Maximum der winterlichen Sonnenscheinstunden um 1941 und ein Minimum um 1953 ab. In Innsbruck steht ein Maximum um 1932 einem gleichzeitigen Minimum in Klagenfurt und ein Minimum um 1940 einem um diese Zeit in Wien und in Kremsmünster vorhandenen Maximum gegenüber. In Klagenfurt haben die Lustrenmittel der Sonnenscheinstunden im Winter vom Beginn der dreißiger Jahre bis um 1944 verhältnismäßig stark zugenommen, darauf bis um 1952 wieder abgenommen und dann bis zum Höchstwert dieser Periode um 1957 zugenommen. In dem Lustrum um 1970 steht ein Maximum der Sonnenscheinstunden in Innsbruck einem Minimum an den anderen Stationen gegenüber. Auf den Bergen haben die 5jährigen Mittelwerte der winterlichen Sonnenscheinstunden von der Zeit um 1930 bis zur Zeit um 1937 abgenommen und darauf wieder bis zur Zeit um 1944 zugenommen; einem Minimum um 1953 folgte ein Maximum um 1959 und seither unter Schwankungen wieder eine allmähliche Abnahme.

Die in der Tab. 3 angeführten Extremwerte der Lustrenmittel der Sonnenscheinstunden seit 1930 im Winter sind in früheren Zeiten zum Teil überschritten und zum Teil unterschritten worden. Die Maxima wurden in Wien 1881/85 mit 224 Stunden und in Kremsmünster 1887/91 mit 245 Stunden übertroffen, die Minima in Wien 1915/19 mit 140 Stunden, in Innsbruck 1907/11 mit 192 Stunden und auf dem Sonnblick 1908/12 mit 271 Stunden unterschritten.

Für die einzelnen Jahre der Periode 1941 bis 1970 sind der Tab. 4 die Mittelwerte und die Extremwerte der Sonnenscheinstunden im Winter zu entnehmen. Die dort angegebenen Maxima sind in früheren Zeiten in Wien im Winter 1881/82 mit 266 Stunden, in Kremsmünster im Winter 1890/91 mit 293 Stunden und in Klagenfurt im Winter 1917/18 mit 354 Stunden übertroffen worden. Die Minima wurden in Wien im Winter 1903/04 mit 85 Stunden, in Innsbruck im Winter 1906/07 mit 132 Stunden, in Klagenfurt im Winter 1903/04 mit 106 Stunden und auf dem Sonnblick im Winter 1909/10 mit 183 Stunden unterboten.

Durch diese Ergänzungen der früheren Bearbeitung der säkularen Änderung der Sonnenscheindauer in Österreich ist eine Übersicht über die Ergebnisse von 90jährigen Registrierungen des Sonnenscheins in den Ostalpen möglich geworden, die auch zur Beurteilung von Klimaänderungen in diesem Zeitabschnitt von Nutzen sein kann.

Das Verhalten der Gletscher in der Großglockner- und Goldberggruppe in den Jahren 1970, 1971 und 1972

Von Hanns Tollner, Salzburg

1. Allgemeine Übersicht über das Gletscherverhalten in den Eishaushaltsjahren 1970, 1971 und 1972

Im Gegensatz zu 1969 empfingen die eisbedeckten und schneefreien Hochareale des Glockner- und Sonnblickgebietes innerhalb des Eishaushaltsjahres 1969/70 (1. Oktober 1969 bis 30. September 1970) einen überdurchschnittlichen Niederschlag. Er betrug gebietsweise etwas unterschiedlich in tiefen Lagen 12 bis 15 und im Niveau von 3000 m bis zu 27 Prozent des langjährigen Durchschnittes.

Die Monatsmittel der Lufttemperatur blieben in 3000 m Höhe um 0,5 und in tieferen Lagen um 0,7 bis 1,0° C unter dem Regelwert.

Von den 12 Monaten des Jahres waren 5 Monate zu trocken, 5 Monate zu niederschlagsreich und 2 Monate ungefähr niederschlagsnormal, 4 Monate waren zu warm, 6 Monate zu kalt und 2 Monate verhielten sich ungefähr normal temperiert.

Der Winterniederschlag 1969/70 entsprach etwa langjährigen Verhältnissen. Im höheren Bergbereich setzte verhältnismäßig frühzeitig ein winterlicher Zustand ein. Nach dem sehr niederschlagsarmen Jänner 1970 gab es in den Folgemonaten häufig Schneefall und mehrmals auch in bedeutender Menge. Relativ niedrige Lufttemperaturen und eine außerordentliche Armut an Sonnenschein bewirkten eine starke Verzögerung des Setzens und Verdichtens der Schneedecke. Winterliche Witterungsverhältnisse bis in den Frühling hinein hatten zur Folge, daß die untere Schneegrenze nur zögernd nach oben zurückwich, was einen abnormal schneereichen Winter 1969/70 vortäuschte. Der lang andauernde Wintercharakter spiegelte sich naturgemäß in den Zuflüssen zu den Speicheranlagen der Tauernkraftwerke A.G. in abträglicher Weise wider.

Eine zeitweilig sehr heftige atmosphärische Zirkulation in der Höhe der hochalpinen Gipfelflur führte in allen Hangrichtungen zu einer starken Triebschneeverlagerung und zu stellenweise enormen Ansammlungen von Triebschnee unterhalb von Kämmen und Graten und unterhalb von Steilflächen. Auf diese Weise erfolgte eine örtlich recht unterschiedliche Schneesedimentation im Bereich der Gletscherkörper und der hohen eisfreien Gebiete. Infolge des Entstehens örtlich mächtiger „Schneebretter" und der anhaltend tiefen Temperaturen kam es im Hochgebirge vielfach zu großen Lawinenabgängen, die rasch erhebliche Schneemassen in die Tiefe transportierten. Dieser Umstand blieb nicht ganz ohne Folgen auf das Ausmaß der Schneeschmelze, auf ihr zeitliches Einsetzen und letztlich auch nicht auf die Abflußverhältnisse. Am 6. März 1970 ging eine Riesenlawine ab, die die Straße im Hüttwinkeltal oberhalb von Bucheben in einer Breite von 1300 m senkrecht von Westen her verschüttete. (Bisher breiteste Ablagerung einer Staublawine im Stauraum in den Ostalpen [1].)

Eine stärkere Schneeschmelze setzte erst im Mai ein. In den Monaten Juni bis September erfolgten allgemein starke Schneeschmelze und ein kräftiger Angriff auf die Eissubstanz der vergletscherten Hochgebirgsflächen.

Die Wasserführung des Leiterbaches erzielte im Eishaushaltsjahr 1969/70, verursacht durch den überdurchschnittlichen jährlichen Niederschlag, eine übernormale Jahresmenge. Bei den anderen Zuflüssen in die Speicheranlagen der Tauernkraftwerke A.G. wirkte sich der übernormale Jahresniederschlag nicht adäquat aus. Die unternormalen Temperaturverhältnisse bis Ende Mai und der zu kühle Juli 1970 verhinderten in der Nivalregion einen stärkeren Aufbrauch des festen Niederschlages aus der Zeit Oktober 1969 bis einschließlich September 1970. Damit vermochten die Zuflüsse in die hochalpinen Sammelbecken nicht das „Jahresausmaß" zu erreichen. Die Wasserdarbietung ergab im einzelnen folgende Werte in Prozent des langjährigen Durchschnittes: Leiterbach 150%, Käferbach 80%, Möll 88%, Mooserbodenspeicher 80% und Speicher Wasserfallboden 88%.

Von 10 Gletschern im Glockner-Sonnblick-Gebiet wichen 4 geringfügig zurück und 6 rückten unerheblich vor. Bei der Mehrzahl der Eiskörper war die Jahresmassenbilanz schwach positiv.

Das Eishaushaltsjahr 1970/71 verlief allgemein stark eisabträglich. Die Gletscher wichen zum Teil stark zurück, und es sanken tiefer gelegene Teile von Firnfeldern vielfach beträchtlich ein. Alle Eiskörper verzeichneten von 1970 auf 1971 einen mäßigen bis kräftigen Massenschwund. Als ungünstig erwies sich der Jahresniederschlag mit einem Defizit zwischen 18 und 35% des Normalwertes. Die Zahl der Tage mit Niederschlag $\geq$ 0,1 mm und $\geq$ 5,0 mm waren wesentlich unternormal. Übernormale Lufttemperaturen, in Höhen von 2000 bis 3000 m bis zu 0,6° über langjährigen Mittelwerten und ein überdurchschnittlicher Strahlungsgenuß in der warmen Jahreszeit setzten den Gletscherflächen ansehnlich zu.

Die mittlere Lufttemperatur des Sommers 1971 — gebildet aus den Monaten Juni bis einschließlich September — erreichte in der Höhe von über 2000 m den langjährigen Regelwert. In Tieflagen blieb sie 0,2 bis 0,6° C unternormal. Der Sonnenschein überschritt in diesen 4 Monaten um 11 bis 23% die Durchschnittsandauer.

Die mittlere Lufttemperatur in der Hauptablationszeit der Gletscher (Juni, Juli und August) war an der Nordabdachung in Tallagen um 0,1 bis 0,6, an der Südseite um 2,3 und in der Höhe von über 3000 m um 1,2° übernormal.

Die Niederschlagsmenge in den Monaten Juni bis einschließlich September blieb zwischen 11 und 22% unter dem langjährigen Durchschnitt. Im Zeitabschnitt Juni, Juli und August 1971 fielen nur 71 bis 86% der Normalmenge. Im Norden des Glockner-Sonnblick-Gebietes (Schmittenhöhe) und im Osten (Gasteiner Tal) gab es Niederschlagsmengen um den langjährigen Regelwert. (Am 28. 7. trat im oberen Teil des Kapruner Achentales ein Wolkenbruch mit einer Niederschlagsergiebigkeit von 60 bis 90 mm innerhalb von 45 Minuten auf. Durch die Furche des Zeferetbachgrabens gelangte eine Katastrophenmure auf den Parkplatz beim Kesselfallhaus. Das dort auf einer Fläche von 100mal 200 m abgelagerte Murenmaterial, das zahlreiche Kraftfahrzeuge verschüttete, wurde auf 35 000 bis 40 000 m³ geschätzt.)

Das niederschlagsarme Glazialjahr (Hydrographisches Jahr) 1970/71 wirkte sich zum Teil empfindlich in der Wasserdarbietung der stark vergletscherten Räume aus. Trotz einer durch den warmen und strahlungsreichen Bergsommer verursachten starken „Gletscherspende" erreichte der Zufluß zu den Speicheranlagen der Tauernkraftwerke A.G. nicht das langjährige Ausmaß. Er betrug beim Leiterbach 87,4, bei der Möll 86,9, beim Mooserboden 99,6 und beim Wasserfallboden nur 80,7%.

In der Nivalregion der Glocknergruppe und des Sonnblickgebietes verlief der Zeitabschnitt 1. Oktober 1971 bis 30. September 1972 weit weniger eisabträglich als ein Jahr vorher. Die Gletscher ließen ein recht unterschiedliches Verhalten erkennen. Es gab kräftiges Zurückweichen der Gletscherzunge, stationäre Verhältnisse, minimales Vorrücken und stärkeren Massenschwund bis schwache positive Jahreseisbilanz.

Als ungünstig für die Gletscherernährung erwies sich der unternormale atmosphärische Niederschlag mit einem Defizit zwischen 10 und 26% der langjährigen Regelmenge. Die Jahresmittel der Lufttemperatur überstiegen um 0,3 bis 0,7° C die langjährige Durchschnittshöhe. Dies war eine Folge der viel zu milden Wintermonate. Für die vereisten Areale des Hochgebirges spielte dieser Umstand nur eine unerhebliche Rolle. Stark eiskonservierend wirkten die kühlen Sommermonate Juni, Juli und August und der sehr kalte September 1972. Gletschergünstig waren noch die meist unterdurchschnittliche Strahlungseinwirkung und die Häufigkeit festen Niederschlages — vom 1. Juni bis 30. September in 3100 m Höhe an 49 Tagen —, die ein relativ starkes Reflexionsvermögen aufrechterhielt und damit eine stärkere Ablation verhinderte.

Vor der Mitte August erfolgte ein intensiver Kälteeinbruch mit Schneefall bis in tiefe Lagen herab, dem kaum mehr recht warme Tage in der Höhe nachfolgten. Die Mitte August entstandene Schneedecke schmolz in größeren Höhen nicht mehr ab. Die Zungenenden der Gletscher wurden vielfach nicht mehr schneefrei und konnten zum Teil nicht mehr vermessen werden.

Das Winterhalbjahr 1971/72 (Oktober 1971 bis März 1972) war ungewöhnlich niederschlagsarm (Defizit bis zu 50% des langjährigen Durchschnittes) und viel zu mild (bis zu 2,5° übernormal). Im April 1972 gab es bei unternormalen Temperaturen überdurchschnittliche Niederschlagsmengen (örtlich über 200% des Normalniederschlages). In der Fleißscharte, 2980 m, erhöhte sich die Schneedecke bis auf 510 cm. Die mittlere Schneehöhe aus 36 Jahren jeweils am Monatsende ist dort 450 cm [4]. Der Mai war strahlungsarm und um 0,8 bis 1,6° zu kalt. In 3100 m gab es an 18 Tagen Schneefall. Die Schneedecke in 2980 m Höhe erreichte eine maximale Mächtigkeit von 490 cm (normal wären 443 cm gewesen). Im Juni 1972 fiel bis zu 43% überdurchschnittlicher Niederschlag (11 Tage mit Schneefall in 3100 m Höhe). Die Sonnenscheindauer entsprach ungefähr normalen Verhältnissen. Die Lufttemperatur blieb 0,6 bis 1,0° unter dem langjährigen Mittel. Als größte Schneehöhe in der Fleißscharte wurden 450 cm gemessen (Normalmächtigkeit 360 cm). Die Abschmelzung erlitt damit bereits eine bedeutende Verzögerung. Im Juli 1972 stellten sich bis zu 38% überdurchschnittliche Niederschlagshöhen und bis zu 1,4° unternormale Temperaturen ein. Die Sonnenscheindauer blieb beträchtlich unter dem langjährigen Ausmaß. Die Höhe der Schneedecke in der Fleißscharte erniedrigte sich nur auf 315 cm (langjähriger Mittelwert 237 cm). Im August 1972 erreichte der Niederschlag nicht das Normalmaß (nur 60 bis 73% der Normalmenge). Die Sonnenscheindauer war ungefähr normal. Die Temperatur blieb um 0,5 bis 1,0° unter dem Schnitt. Am 13. August überflutete, wie bereits angedeutet, sehr kalte Luft aus hohen Breiten des Atlantik den Ostalpenraum. Dieser Kaltluftvorstoß leitete eine Periode sehr kühlen Bergwetters ein. Die Schneehöhe erniedrigte sich in 2980 m Höhe nur auf 300 cm (Normalhöhe 136 cm). Das Ausmaß der Ablation stellt für den Monat August 1972 ein Rekord-Minimum dar (an 11 Tagen fiel Schnee). Der September 1972 verlief außerordentlich kalt — Temperaturabweichung bis zu 4,6° — und relativ strahlungsarm. Die Niederschläge blieben bis zu 60% unter langjährigen Mengen. In 3100 m Höhe fiel an 17 Tagen fester Niederschlag. Am 30. September 1972 betrug die Mächtigkeit der Schneedecke in der 2980 m hohen Fleißscharte 280 cm (davon waren 20 cm Neuschnee). Die durchschnittliche Jahresfirnrücklage wäre dort 106 cm gewesen. Im September 1972 herrschte ebenso wie in den vorangegangenen Monaten Juni, Juli und August zum Vorteil der

Gletscherernährung nur eine ungewöhnlich geringe Vertikalablation. Damit vermochte sich trotz unternormalen Jahresniederschlages eine ungewöhnlich mächtige Jahresfirnrücklage erhalten. Dieser Umstand erklärt auch das Verhalten der Gletscher mit teilweise leichtem Zungenvorrücken und positiven Jahreseisbilanzen 1971/72.

Das eigenartige Verhalten der Gletscher bewirkte für die auf Wasserkraftnutzung beruhenden hochalpinen Kraftwerke durch eine beträchtliche Massenzurückhaltung des Jahresniederschlages auf den Firnflächen einen wesentlich unternormalen Wasserzufluß in die Speicheranlagen im Hochgebirge. Er betrug bei der Möllüberleitung 76%, bei der Möll 68%, bei den Käferbächen 85%, beim Mooserboden 76%, beim Wasserfallboden 64% und beim Leiterbach 105%.

2. Verhalten der einzelnen Gletscher in den Eishaushaltsjahren 1970, 1971 und 1972

Oberster Pasterzenboden (Nährgebiet des Pasterzengletschers). Untersuchung 21. bis 23. 9. 1970. Fünf Jahresfirnrücklagen 1969/70 mit einer Mächtigkeit zwischen 169 und 199 cm ergaben eine mittlere Dichte von 0,57. Die einzelnen Werte lagen zwischen 0,53 und 0,61. Die geodätische Messung der Höhe der Oberfläche des Firnfeldes an drei Punkten erbrachten folgende Werte: + 48, — 69 und — 92 cm. An einigen Stellen des Firnfeldrandes erfolgte ein Einsinken der Oberfläche von einigen Dezimetern. Die Messung der Geschwindigkeit des Firneisfließens konnte 1970 nicht vorgenommen werden. Im Vorjahr betrug die jährliche Bewegung der Oberfläche des Firnfeldes an drei Punkten zwischen 8,94 und 19,99 m. Für das ziemlich flache Firngebiet des Obersten Pasterzenbodens stellt eine Fließgeschwindigkeit von 19,99 m im Jahr eine Oberflächenbewegung dar, wie man sie dort nicht vermuten würde. Eine genauere Angabe der Jahreseisbilanz 1969/70 der Pasterze kann nicht erfolgen, da die Zungenmessungen des Geographischen Institutes der Universität Graz verlorengingen. Es besteht aber kein Zweifel, daß die Pasterze ihre Substanz von 1969 auf 1970 nicht zu erhalten vermochte. Der Wasserspeicher „Margaritze" verzeichnete trotz einer Gletscherspende der Pasterze ein Zuflußdefizit von 12% der Normalwassermenge.

Im September 1971 wurde von Seite des Geographischen Institutes unter der Leitung von H. Paschinger im Durchschnitt aller Markenmessungen ein Zungenrückgang der Pasterze von 11,4 m festgestellt. Aus vier Querprofilen über den Zungenbereich ließ sich von 1969 auf 1971 (zwei Jahre) ein Eisschwund von 24,4 Mill. m³ errechnen. Auf dem Obersten Pasterzenboden befand sich die Oberfläche des Firngebietes in den letzten Septembertagen 1971 um 0,7 bis 1,1 m tiefer als 1970. Die Pasterze mußte im abgelaufenen Eishaushaltsjahr 1970/71 ansehnlich an Substanz eingebüßt haben. Das niederschlagsarme Hydrologische Jahr 1970/71 wirkte sich nicht nur empfindlich auf das Verhalten der Gletscher, sondern auch auf die Wasserdarbietung der stark vergletscherten Räume aus. Trotz einer durch den warmen und strahlungsreichen Bergsommer verursachten Gletscherspende erreichte der Zufluß zu den hochalpinen Speicheranlagen nicht den langjährigen Regelwert.

Im September 1972 ermittelte H. Wakonigg, Graz, daß die Pasterzenzunge gegenüber dem Vorjahr nur eine unerhebliche Veränderung erlitt und daß der Eisverlust des Zungenbereiches sich nur auf 4,3 Mill. m³ Eis oder 3,8 Mill. m³ Wasser belief. Auf dem Obersten Pasterzenboden, dem Nährgebiet des Gletschers, boten am 2. und 5. Oktober 1972 vier Firnprofile in 3100 bis 3150 m Seehöhe mit einer Mächtigkeit von 3,2 bis 3,5 m eine mittlere Dichte von 0,57. Die geodätischen Messungen von 1970 und

1972 erbrachten eine Abwärtsbewegung des Firnes der Oberfläche von 15,6 und 24,9 m innerhalb von zwei Jahren. In 3085 m Höhe erniedrigte sich die Oberfläche von 1970 auf 1972 um 0,89 m, in 3085 m um 0,31 m, in 2961 m blieb sie gleich und in 2881 m fand eine Erhöhung um 0,52 m statt. Im Hinblick auf den geringen Massenschwund im Zungenteil der Pasterze und mit Berücksichtigung der relativ mächtigen Jahresfirnrücklagen 1971/72 erzielte dieser Gletscher trotz ca. 10% unterdurchschnittlicher Jahresmenge des Niederschlages ohne Zweifel eine ansehnliche positive Jahreseisbilanz 1971/72. Im Möllabfluß kam dieser Umstand innerhalb des Hydrographischen Jahres 1971/72 deutlich zum Ausdruck.

Wasserfallwinklkees

Am 21. September 1970 wurde aus 9 Marken ein mittlerer Rückgang des Zungenendes im Eishaushaltsjahr 1969/70 von 3,9 m festgestellt. Der Gletscherrückgang schwankte zwischen 0,0 und 9,3 m. Die Firngrenze verlief unregelmäßig ausgebildet in 2750 bis 2800 m Höhe. Die normale und durch Stangen markierte Aufstiegsroute zur Oberwalderhütte führte über mehrere kleine Spalten. Im obersten Teil des Firngebietes gab es 0,6 bis 1,1 m dicke Jahresfirnrücklagen 1969/70 mit einer Dichte von 0,58. Das Wasserfallwinklkees muß im Eishaushaltsjahr 1969/70 eine mäßige Gletscherspende geboten haben.

Im Eishaushaltsjahr 1970/71 (Messung am 28. September 1971) erlitt das Wasserfallwinklkees im Mittel aus 9 Marken einen Zungenrückgang von 3,8 m. Die Extremwerte waren 0,8 und 8,9 m. Die Firngrenze wurde in 2800 bis 2850 m erkannt. Die Gletscheroberfläche besaß 1971 mehr Spalten aus 1970. Die Jahreseisbilanz 1970/71 muß nicht unwesentlich negativ ausgefallen sein.

Im Jahre 1972 konnte das Zungenende des Wasserfallwinklkeeses wegen Altschneeüberlagerung nicht einwandfrei eingemessen werden.

Schwarzköpflkees

Am 18. August 1970 erschien das Zungenende infolge einer stellenweise Auflage von Lawinenschnee nicht glatt, sondern zerlappt. 5 aufgefundene Vorlandsmarken ließen erkennen, daß die Gletscherzunge im Eishaushaltsjahr 1969/70 im Mittel um 1,1 m vorgerückt war. (Extremwerte: Vorstoß von 4,5 m und Rückweichen von 0,5 m.) Zwei Marken lagen unter einer mächtigen und stark verfestigten Decke von gekalbtem Eis und Lawinenschnee. An diesen Stellen mußte als Auswirkung der Jahreseisbewegung ebenfalls ein leichter Vorstoß aufgetreten sein. Die Eisbewegung zwischen dem Schwarzköpflkees und dem Westlichen Bärenkopfkees blieb, soweit dies zu erkennen war, unverändert. Der Massenhaushalt 1969/70 war höchstwahrscheinlich leicht positiv.

Von 1970 auf 1971 (Messung am 26. August 1971) wich der außerordentlich dünne untere Teil des Schwarzköpflkeeses — festgestellt aus 7 Vorlandsmarken — im Mittel um 12,2 m zurück. Die Extremwerte waren 7,2 und 18,4 m. Die untere Zungenfläche besaß Löcher, durch die der Felsuntergrund zu erkennen war. An der Eisverbindung zwischen dem Schwarzköpflkees und dem Westlichen Bärenkopfkees konnte keine deutliche Veränderung beobachtet werden. Die Jahresmassenbilanz 1970/71 war ohne Zweifel ansehnlich negativ.

Das Zungenende des Schwarzköpflkeeses wich von 1971 auf 1972 etwas langsamer als von 1970 auf 1971 zurück. Die am 4. September 1972 vorgenommene Messung der Marken im Gletschervorland ließ mit den Einzelwerten von — 0,3, — 9,7, — 8,8, — 7,2 und — 10,0 m einen durchschnittlichen Zungenrückgang von 7,2 m erkennen. Im untersten Teil der Zunge ziehen sehr flache Felsrücken in der Gletscherlängsrichtung herab. Das überlagernde Zungeneis ist dort unterschiedlich, im allgemeinen nur sehr dünn. Die Eisverbindung zwischen dem Schwarzköpflkees und dem Westlichen Bärenkopfkees über dem felsigen Steilabfall erscheint nunmehr deutlich gegenüber dem Zustand vor 15 Jahren merklich verbreitert. Die Firngrenze wurde zwischen 2750 und 2850 m beobachtet. Beurteilt nach dem Rückweichen der Gletscherzunge muß dieser Eiskörper von 1971 auf 1972 etwas an Substanz eingebüßt und eine Gletscherspende abgegeben haben.

Karlingerkees

Über dem untersten Steilabfall des Gletschers aperte im Jahr 1955 der Untergrund aus und trennte den oberen Gletscherkörper vom darunter befindlichen Eis des Zungenendes, das auf der fast ebenen Fläche des obersten Kapruner Talschlusses verblieb. Das nunmehr ohne Eisverbindung mit oben stehende Resteis vermochte sich ganz besonders in den letzten Jahren durch Eiskalbungen vom neuen oberen Zungenende her und durch Lawinenschnee nicht nur zähe zu erhalten, sondern sich sogar noch etwas zu vergrößern. An der Westseite begann 1967 das neue obere Zungenende etwas über das felsige Steilgelände herabzuziehen. Die Konservierung des Eises des alten Zungenendes und die wieder eingetretene schmale Eisverbindung zwischen oben und unten war eine Folge der glazial günstigen Jahre ab 1967 mit reichlichen Jahresfirnrücklagen und damit verstärktem Druck in der Nährzone. An der hydrographisch rechten Seite schob sich das Resteis von 1969 auf 1970 um 3,0 m vor. An der linken Seite hatte Eismaterial von Kalbungen her die Vorlandsmarken überdeckt. Die Oberfläche des Karlingerkeeses war 1970 ebenso spaltenreich wie im Vorjahr, und zwar sowohl im Firnbereich als auch unterhalb der Firngrenze in 2700 bis 2750 m. Für das Karlingerkees war eine geringe positive Massenbilanz 1969/70 anzunehmen. Die Untersuchung fand am 17. August 1970 statt.

Am 25. August 1971 zeigte sich, daß die in einer Rinne wieder zustande gekommene Eisverbindung zwischen dem neuen und alten Zungenende im Verlauf des Eishaushaltsjahres 1969/70 an Breite zugenommen hatte. An der linken Seite zog sich das Resteis um 9,1 und 1,9 m zurück. An der rechten Seite verlagerte sich der Rand um 1 m nach vorne. Die Firngrenze befand sich ziemlich waagrecht verlaufend in ca. 2900 m Höhe. Darunter aber verblieb in Eindellungen der Gletscheroberfläche Altschnee bis auf 2700 m herab. Die Zahl der Spalten hatte von 1970 auf 1971 zugenommen. Das Eishaushaltsjahr 1970/71 muß negativ ausgefallen sein.

Von 1971 auf 1972 schob sich das Resteis des alten Zungenendes um 25,8, 16,7 und etwas mehr als 15 m nach vorne. Es nahm, sich versteilend und nach vorne rückend, durch meist gekalbtes Eis von oben her die Form einer steilen Kegelfläche an. Am Meßtag, 4. September 1972, gab es innerhalb von drei Stunden drei mächtige Eiskalbungen. Die Firngrenze lag in 2600 bis 2650 m Höhe. Das Eishaushaltsjahr 1971/72 des Karlingerkeeses dürfte schwach positiv gewesen sein.

Grießkoglkees

Am 18. August 1970 wurde an drei Stellen eine Vorwärtsbewegung der Gletscherzunge erkannt, und zwar von 2,5, 1,9 und 0,1 m. Die weiteren Vorlandsmarken befanden sich mit Stirnmoränenmaterial und Altschnee bedeckt. Eine Marke auf einem großen Felsblock, vor dem früher der Gletscher endete, war von glasigem Zungeneis mit einer

Dicke von 1,5 m umflossen. Innerhalb des Eishaushaltsjahres 1969/70 muß das Grießkoglkees etwas an Substanz zugenommen haben.

Am 25. August 1971 ließ das Grießkoglkees gegenüber 1970 unterschiedliche Rückzugsbeträge erkennen. An den drei 1970 gemessenen Stellen betrug das Rückweichen 4,9, 6,5 und 4,8 m. Das Rückweichen von zwei weiteren Punkten gegenüber 1969 mit 10,9 und 10,3 m ist nicht als gesichert anzusehen. Vor der Vorlandsmarke B auf einem sehr großen Felsblock brandete 1955 das Gletscherende mit einer 3 m hohen senkrechten Eiswand. 1971 reichte blankes Zungeneis an diesem Felsblock vorbeiziehend einwandfrei noch 24 m weiter hinunter. Der in Rinnen und flachen Mulden unterhalb des Gletscherendes befindliche Altschnee nahm 1971 gegenüber 1970 an Ausdehnung wesentlich ab, ohne jedoch völlig zu verschwinden. Die Firngrenze wurde in 2750 bis 2800 m Höhe festgestellt. Die Eissubstanz des Grießkoglkeeses erlitt von 1970 auf 1971 einen geringen Schwund.

Das Grießkoglkees befand sich am 5. September 1972 im Gegensatz zum Vorjahr nicht im Zustand eines Zungenrückganges. An fünf Meßstellen gab es einen Vorstoß von 6,4, 1,2, 0,6, 1,6 und 1,4 m, im Mittel also von 2,2 m. In einigen schmalen Rinnen zog Zungeneis noch etwas weiter in die Tiefe. Das Zungenende besaß damit einen etwas zerfransten Charakter. Der im Vorjahr in Rinnen und Mulden weit heranreichende Altschnee unterhalb des Gletscherendes war 1972 zum Teil abgeschmolzen. Die Firngrenze verlief in ca. 2750 m Höhe. Von 1971 auf 1972 erzielte das Grießkoglkees einen geringen Massengewinn.

Eiserkees

(Untersuchung am 18. August 1970 und 22. September 1970.) Das Zungenende und die Vorlandsmarken blieben ebenso wie im Vorjahr und in den vorangegangenen Eishaushaltsjahren mit verfestigtem Altschnee bedeckt. Seit 1965 konnte die Lageänderung der Zungenstirn wegen der Altschneeüberlagerung nicht mehr einwandfrei ermittelt werden. Da die Gletscherfläche des Eiserkeeses 1970 fast zur Gänze mit Schnee bedeckt blieb, konnte nicht einmal auf den untersten Teilen eine Vertikalablation erfolgen. Berücksichtigt man auch nur eine geringe Eisbewegung nach unten, so mußte das Eisfließen ein schwaches Vorrücken des Zungenendes seit 1965 verursacht haben. Im Jahre 1967 ließen zwei Marken ein Vorrücken der Zunge von 11,0 und 14,8 m gegenüber 1964 erschließen. Von 1969 auf 1970 dürfte keine wesentliche Massenänderung eingetreten sein.

Im Jahre 1971 besaß das Eiserkees noch immer ein größeres Areal als 1965. Von 8 Marken im Gletschervorland wurde am 25. Juli 1971 an zwei Stellen ein Rückweichen der Zunge von 1970 auf 1971 erkannt. Der Betrag war 4,8 und 7,2 m. Die weiteren 6 Vorlandsmarken befanden sich noch unter Eis. Die Firngrenze wurde in 2750 m Höhe angetroffen. Unterhalb des Gletschers gab es in Mulden und Rinnen noch Altschneefelder, aber in geringerer Ausdehnung als 1970. Es kann angenommen werden, daß das Eiserkees im Eishaushaltsjahr 1970/71 mäßig an Masse verlor.

Am 5. September 1972 war das Areal des Eiserkeeses noch immer wesentlich größer als 1965. An den beiden im Vorjahr aufgefundenen Vorlandsmarken wurde ein Vorrücken von 2,6 und 5,0 m innerhalb des Eishaushaltsjahres 1970/71 festgestellt. Unterhalb des Gletschers befanden sich in Rinnen und Mulden nur noch einige wenige größere Altschneeansammlungen. Die Firngrenze ließ sich in 2600 m erkennen. Im Hinblick auf das Zungenverhalten und auf die Höhe der Firngrenze dürfte das Eiserkees trotz unternormalen Niederschlagsempfanges von 1971 auf 1972 kaum an Substanz verloren haben.

Klockerinkees

Am 18. August 1970 wies das Klockerinkees vor dem Ende der Gletscherzunge einen mehrere Meter hohen Stirnmoränenwall auf. Bis auf eine Marke im Zungenvorland (dort Vorstoß von 9,0 m) waren alle anderen mit einer Auflage von Schutt und Lawinenschnee bedeckt. Eine wesentliche Massenänderung von 1969 auf 1970 wurde nicht angenommen.

Das Zungenende des Klockerinkeeses befand sich am 19. August 1971 im Zustand eines sichtlichen Zusammenbruches. Vor dem Zungenende lagen mehrere große Eisreste ohne Verbindung mit dem Gesamteiskörper. Die Entfernung des neuen geschlossenen Zungenrandes vom Stand 1970 betrug 90 bis 95 m. Der Gletscher muß, beurteilt nach dem Ausmaß des Zungenrückweichens und der hohen Firngrenze in 2900 m, von 1970 auf 1971 beträchtlich an Substanz eingebüßt haben.

Am 5. September 1972 befanden sich über der untersten Zungenfläche des Klockerinkeeses stark verfestigt und stark verschmutzt Altschnee und Eis von Lawinen und Eiskalbungen herrührend 25 bis 57 m über den Gletscherrand 1971 hinunterziehend. Die Firngrenze lag in 2750 m Höhe. Die Jahreseisbilanz 1971/72 dürfte beim Klockerinkees ziemlich ausgeglichen gewesen sein.

Schmiedingerkees

Im Eishaushaltsjahr 1969/70 stieß das Zungenende geringfügig vor. Am 20. und 21. August 1970 war das Vorrücken bei den einzelnen Marken 1,6, 1,5 und 5,5 m (im Mittel also 2,9 m). Der Fels mit der Seilbahnstütze der Gletscherbahn Kaprun tauchte von 1969 auf 1970 um 30 bis 40 cm in die Gletscheroberfläche ein. Acht von unten nach oben befindliche Gletscherrandmarken ließen eine Erhöhung der Oberfläche zwischen 0,4 und 4,3 m erkennen. Die Oberfläche des Schmiedingerkeeses war 1970 in seinem oberen Teil um 8 bis 10 m höher als 1953 [3]. Sieben Schneedichtemessungen in verschiedenen Höhenlagen ergaben eine mittlere Dichte von 0,58. Die einzelnen Werte schwankten zwischen 0,54 und 0,60. Die Jahreseisbilanz 1969/70 des Schmiedingerkeeses war ohne Zweifel ansehnlich positiv.

Von 1970 auf 1971 verkürzte das Schmiedingerkees sein Zungenende im Durchschnitt — ermittelt aus 4 Vorlandsmarken — um 10,5 m. Die einzelnen Rückzugsbeträge waren: 3,5, 19,2, 11,4 und 8,0 m. Die Oberfläche des Firngebietes und des Zungenbereiches sank gegenüber dem Vorjahr an 19 Meßstellen bis zu 1,77 m ein. An drei Stellen erhöhte sie sich bis zu 0,52 m. Von 8 Randmarken auf steiler Felsbegrenzung ließen je zwei eine Firnfelderhöhung von 0,3 m und 3 Marken eine Erniedrigung von 0,6, 0,7 und 2,6 m feststellen. An der Marke mit der Höhenabnahme von 2,6 m gab es im Vorjahr durch starke Verwehung verursacht eine Erhöhung von 4,3 m. An den letzten drei Punkten blieb die Oberfläche des Gletschers von 1970 auf 1971 gleich. Der aus dem Gletscher herausragende Felsrücken mit der über 100 m hohen Seilbahnstütze der „Gletscherseilbahn Kaprun" hob sich von 1970 auf 1971 wieder um rund 50 cm heraus. Die Firngrenze stieg bis zum 7. Oktober 1971 bis über 2850 m an. Der Rückgang der Zunge und das Einsinken der Oberfläche im Zungen- und auch im Nährgebiet ließen darauf schließen, daß die Jahreseisbilanz des Schmiedingerkeeses 1970/71 beträchtlich negativ gewesen sein muß.

Die Untersuchung des Schmiedingerkeeses zwischen 9. und 13. September 1972 ergab, daß die Gletscherzunge von 1971 auf 1972 aus drei Werten um 2,7 m vorrückte (Einzeldaten + 3,9, — 0,7 und + 5,6 m) und daß die Oberfläche des Firnfeldes gegenüber 1971 fast durchwegs wieder nicht unbedeutend anschwoll. Der Schmiedingergletscher muß ohne Zweifel eine beträchtliche positive Jahreseisbilanz 1971/72 erzielt haben. Die Firngrenze wurde in 2650 m erkannt. Vier Firnschneemessungen der Rücklage 1971/72 zwischen 2700 und 2800 m Seehöhe ergaben eine mittlere Dichte von 0,56. Die Marken am seitlichen Gletscherrand auf steilem Fels zeigten folgende Änderungen an:

Meereshöhe in Meter

| 2944 | 2835 | 2912 | 2908 | 2910 | 2912 | 2830 | 2770 | 2715 | 2713 | 2668 | 2634 |

Senkrechte Änderung in Meter

| + 0,2 | + 1,7 | + 4,1 | + 3,2 | + 2,0 | + 1,7 | + 1,3 | + 1,6 | + 0,2 | — 1,4 | — 1,2 | — 1,0 |

Der aus dem Gletscher herausragende Felsrücken mit der Seilbahnstütze hob sich von 1971 auf 1972 nicht weiter aus dem Eis empor. Die Gletscheroberfläche ließ dort keine Höhenänderung erkennen. Die Tab. 1 enthält neben der Seehöhenangabe den Betrag der Änderung der Höhe der Gletscheroberfläche und das Ausmaß der horizontalen Eisbewegung in zwei Profilen quer über das Kees hinweg. Die Meßdaten sind sehr genau. Sie wurden vom Meßtrupp der Tauernkraftwerke A.G. von zwei Fixpunkten aus unter Verwendung von drei Funkgeräten gewonnen.

Tabelle 1. Querprofile über das Schmiedingerkees
Änderung am 13. September 1972 gegenüber 14. Oktober 1971

Meßpunkt	Seehöhe in m	Horizontale Verlagerung in m	Höhenänderung in m
F 1	2927,87	0,71	+ 0,49
F 2	2908,78	0,77	+ 0,54
F 3	2907,60	4,02	+ 0,50
F 4	2840,02	10,09	+ 0,56
F 5	2873,82	3,87	+ 0,50
F 6	2863,54	—	+ 0,48
F 7	2865,76	3,77	+ 0,16
F 8	2699,12	—	+ 0,30
F 9	2762,52	12,50	+ 0,40
F 10	2795,70	5,95	+ 1,18
F 11	2799,81	—	+ 0,61
F 12	2881,60	1,46	+ 1,47
A 1	2648,62	—	+ 0,78
A 2	2647,20	—	+ 0,66
A 3	2650,00	—	— 0,16
A 4	2664,58	—	— 0,25
A 5	2682,45	—	— 0,58
A 6	2672,04	0,35	+ 0,04
A 7	2639,61	1,02	— 0,31
A 8	2576,20	6,82	+ 1,32
A 9	2577,16	—	+ 1,20
A 10	2502,55	0,59	+ 0,07

Die Querprofile über den Schmiedingergletscher lassen in bezug auf die Dynamik der Oberflächenbewegung eine interessante Erscheinung erkennen, die mit der komplexen Beschaffenheit dieses Eiskörpers zusammenhängt.

Großes Goldbergkees (Vogelmeier-Ochsenkarkees)

Von 1969 auf 1970 wich die Gletscherzunge — ermittelt am 18. September 1970 — aus fünf Marken im Durchschnitt um 3,1 m zurück. Die Extreme waren 1,0 und 7,0 m. Vor dem Gletschertor lagen kleine Moränenhügel (Wintermoränen) mit meist Feinmaterial. Der Felsabfall in ca. 2750 m Höhe, der den Eiskörper des Gletschers in zwei Teile spaltet, erschien im rechten Bereich mit einer dünnen Firn- und Eisschicht bedeckt. In der Fleißscharte erbrachten zwei Firnprofile von 66 und 69 cm Mächtigkeit eine Dichte von 0,62. Die Felsinsel östlich des Gipfelaufbaues blieb 1970 verschwunden. Es zeigte sich lediglich nur eine Andeutung eines darunter befindlichen Felskopfes. Die Firnoberfläche war dort um 4 m höher als 1947. Im oberen Abschnitt des Sonnblickostgrates blieb die anschließende Firndecke gegenüber dem Vorjahr ungefähr gleich hoch. Die Erhöhung der Firnoberfläche seit 1947 betrug dort noch immer 2 bis 2,5 m. An der Kante der Goldbergspitze blieb die Höhe des Firnfeldes gegenüber dem Vorjahr gleich. Das Große Goldbergkees muß innerhalb des Eishaushaltsjahres 1969/70 geringfügig an Substanz verloren haben.

Im Eishaushaltsjahr 1970/71 wich das Große Goldbergkees an seiner rechten Seite sehr stark zurück (Maximalwert 30,9 m). In der Mitte und links schwächte die Rückverlagerung bis auf 3,4 m ab. Vor dem Gletschertor entstanden im Gegensatz zu früheren Jahren keine neuen Moränenhügel. Die starke Arealabnahme des Gletschers hing zum Teil auch mit der völligen Trennung des Eiskörpers in zwei Teile über dem felsigen Steilabfall in 2750 m Höhe zusammen. Der untere Gletscherteil empfing schon seit einer Reihe von Jahren von oben keinen Eisnachschub mehr. Die Felsinsel südlich des Sonnblickgipfels rückte um 1 m aus dem Firnniveau heraus. Die Oberfläche des Firnfeldes war damit aber noch immer rund 3 m höher als im Jahr 1947. Beim Sonnblickostgrat sank der Firnfeldrand in einer Höhe von über 2850 m um 0,3 bis 0,5 m ein. Das Große Goldbergkees hatte von 1970 auf 1971 ohne Zweifel beträchtlich an Substanz eingebüßt.

Das Zungenende des Goldbergkeeses zeigte von 1971 auf 1972 keine wesentliche Lageänderung. Am 10. September 1972 erbrachten die Vorlandsmarken folgende Ergebnisse: + 0,1, — 0,3, — 0,4, + 4,5, — 4,8 und + 7,8 m. (Soweit dies 1972 beurteilt werden konnte, dürfte der Vorstoßwert von 7,8 m nicht unbedingt unreell gewesen sein.) Sämtliche Daten bezogen sich auf die Distanz senkrecht zum Gletscherende. Der Mittelwert aus allen 6 Messungen würde ein Vorrücken von 1,15 m ergeben. Ohne Berücksichtigung des Wertes + 7,8 m wäre die durchschnittliche Lageänderung der Zunge des Großen Goldberggletschers — 0,9 m gewesen. Ein Firnprofil in der Fleißscharte in 2980 m mit einer Mächtigkeit von 2,85 m besaß eine Dichte von 0,56. Für das Große Goldbergkees war von 1971 auf 1972 eine mäßige Substanzzunahme anzunehmen.

Kleines Sonnblickkees

Bei der Untersuchung am 18. September 1970 befanden sich die Marken vor dem rechten Zungenlappen noch unter Altschnee. Bei der Seitenmarke nahe dem Gletscherende blieben der Eisrand und die Höhe der Oberfläche gegenüber dem Vorjahr gleich. Das Kees dürfte im Eishaushaltsjahr 1969/70 keine wesentliche Massenänderung erfahren haben.

Am 8. Oktober 1971 war die Oberfläche des rechten Zungenlappens bei der Seitenmarke um 0,6 m gegenüber 1970 eingesunken. Die Marken vor dem unteren Zungenende erschienen ausgeapert. Da diese 1970 von Altschnee bedeckt blieben, konnte eine genauere Lageänderung nicht festgestellt werden. Vermutlich dürfte eine Aufwärtsbewegung der Gletscherzunge von 10 bis 15 m stattgefunden haben. Das Kleine Sonnblickkees verringerte im Eishaushaltsjahr 1970/71 ohne Zweifel erheblich seine Eissubstanz.

Von der zweiten Augusthälfte 1972 an blieb das Ende des Kleinen Sonnblickkeeses von Altschnee bedeckt. Seine Vermessung konnte deshalb nicht vorgenommen werden. Der Gletscher hatte sicher von 1971 auf 1972 einen geringen Massenzuwachs zu verzeichnen.

Kleines Fleißkees

Von 1969 auf 1970 verlagerte sich die Gletscherzunge im Durchschnitt um 5,3 m zurück. Die Extreme waren 2,9 und 8,1 m. Bei der Pilatusscharte blieb das Firnniveau gegenüber 1969 gleich, gegenüber 1947 war es noch immer um mehr als 2 m höher. Die Eissubstanz dieses Gletschers erlitt im Eishaushaltsjahr 1969/70 eine mäßige Einbuße. Die Untersuchung fand am 19. September 1970 statt.

Am 20. Oktober 1971 wurde aus drei Vorlandsmarken ein mittlerer Zungenrückgang seit 1970 von 10,5 m festgestellt. Die Einzelwerte waren 14,0, 9,7 und 7,7 m. Über der Steilstufe in 2750 m konnte keine weitere Einschnürung der Eisverbindung zwischen dem oberen und unteren Gletscherteil beobachtet werden. Bei der Pilatusscharte erniedrigte sich die Firnoberfläche von 1970 auf 1971 um 0,4 m. Der Massenhaushalt 1970/71 fiel sicher beträchtlich negativ aus.

Im Jahre 1972 ließ sich das Ende des Kleinen Fleißkeeses nicht einwandfrei einmessen. Der Gletscher besaß seit Mitte August 1972 eine Schneeauflage, die nicht mehr abschmolz.

Wurtenkees

An der linken Seite war am 20. September 1970 der Zungenrand unter Schutt begraben und nicht einwandfrei zu erkennen. An der rechten Seite zeigten vier Markenmessungen einen durchschnittlichen Rückgang des Gletscherendes um 2,1 m. Die Firnausdehnung im Bereich der Niederen Scharte blieb gegenüber 1969 unverändert. Die Firnausbreitung im Bereich der Niederen Scharte war 1970 deutlich größer als 1947. Das Wurtenkees hatte von 1969 auf 1970 wahrscheinlich etwas an Masse eingebüßt.

Das Wurtenkees ließ am 20. Oktober 1971 eine Zungenverkürzung gegenüber dem Vorjahr um 11,1 m erkennen. (Einzelwerte: 18,3, 8,9, 10,0 und 7,2 m.) Der linke Zungenlappen war reichlich schuttbedeckt, der ablationsvermindernd wirkte und letztlich einen schwächeren Rückgang zur Folge hatte. Im Bereich der Niederen Scharte hatte die Ausdehnung des Firnfeldes abgenommen, aber keineswegs noch das Minimalausmaß des Jahres 1947 erreicht. Der Eishaushalt 1970/71 muß beim Wurtengletscher sicher stärker negativ ausgefallen sein.

Im Jahre 1972 ließ sich trotz mehrerer Besuche der untere Rand des Wurtenkeeses infolge Altschneebedeckung nicht einwandfrei erkennen. Seine Eissubstanz hatte sich von 1971 auf 1972 ohne Zweifel etwas vermehrt.

Literatur

[1] Tollner, H.: Eine Riesenlawine bei Bucheben. 66.—67. Jahresber. d. Sonnblick-Ver. f. d. Jahre 1968—1969, 51—53. Wien 1970.

[2] Tollner, H.: Schneeverhältnisse des Rauriser Sonnblicks. 49. und 50. Jahresber. d. Sonnblick-Ver. f. d. Jahre 1951—1952, 28—32. Wien 1953.

[3] Kropatschek, E.: Gletschermessungen im Bereich der Tauernkraftwerke A.G. 66.—67. Jahresber. d. Sonnblick-Ver. f. d. Jahre 1968—1969, 36—43. Wien 1970.

[4] Steinhauser, F.: Die Schneeverhältnisse im Sonnblickgebiet. 63.—65. Jahresber. d. Sonnblick-Ver. f. d. Jahre 1965—1967, 3—42. Wien 1968.

Neues von Höhenstationen in vier Kontinenten

Von Friedrich Lauscher, Wien

1. Überblick

In [1] wurden 207 meteorologische Stationen namentlich genannt, welche in Seehöhen von mehr als 2000 m kürzere oder längere Zeit bestanden haben oder noch bestehen. Davon lagen 72 in Europa, 52 in Nordamerika, 41 in Südamerika, 16 in Afrika, 22 in Asien und 4 in der Antarktis. Von 42 dieser Orte konnten langjährige Klimawerte diskutiert werden. Die damals ausgesprochene Hoffnung, es mögen für weitere Hochstationen Bearbeitungen bekannt werden, hat sich inzwischen für 11 Orte tatsächlich erfüllt: In [2] sind für insgesamt 20 Hochstationen in Seehöhen über 2000 m, von denen monatsweise sogenannte „Climat"-Meldungen ausgegeben werden, Normalwerte für die Periode 1931—1960 enthalten. Für eine 21. Climat-Station der genannten Mindesthöhe, die 2925 m hohe Gipfelstation Mussala in Bulgarien, war die Berechnung dieser Normalwerte noch nicht möglich.

In Tab. 1 sind die 21 Orte und ihre geographischen Kennungen ersichtlich gemacht. 4 liegen in Europa, 5 in Asien, 2 in Afrika, 3 in Mexiko und 7 in Südamerika. Die Nord-

Tabelle 1. In [2] genannte Orte in mindestens 2000 m Seehöhe mit Normalwerten aus 1931—1960

Nr.	Höhe (m)	Ort	Land	Breite	Länge	Lage	es fehlt
1	4103	El Alto	Bolivien	16,5 S	68,2 W	Paß	S, e, nr, Rd
2	4059	Charana	Bolivien	17,6 S	69,5 W	Paß	S, e, nr, Rd
3	3832	Christo Redentor	Argentinien	32,8 S	70,1 W	Paß	S, R, nr, RD
4	3706	Oruro	Bolivien	18,0 S	67,1 W	Hochfläche	S, e, nr, Rd
5	3514	Leh	Kaschmir	34,2 N	74,8 E	Hochtal	S
6	3459	La Quiaca	Argentinien	22,1 S	65,6 W	Hochfläche	nr
7	3107	Sonnblick	Österreich	47,0 N	13,0 E	Gipfel	
8	2962	Zugspitze	Deutschland	47,4 N	11,0 E	Gipfel	R, Rd
9	2812	Quito	Ecuador	00,1 S	78,5 W	Hochtal	
10	2612	Zacatecas	Mexiko	22,8 N	102,6 W	Hochfläche	S, e nr
11	2570	Chochabamba	Bolivien	17,4 S	66,2 W	Hochtal	S, e, nr, Rd
12	2496	Säntis	Schweiz	47,2 N	09,4 E	Gipfel	
13	2360	Addis Ababa	Äthiopien	09,0 N	38,7 E	Hochtal	e, nr, Rd
14	2321	Asmara	Äthiopien	15,3 N	38,9 E	Hochtal	S, e, nr, Rd
15	2311	Mukteswar Kumaon	Indien	29,5 N	79,6 E	Hochtal	S
16	2306	Tacubaya	Mexiko	19,4 N	99,2 W	Hochfläche	S, e, nr
17	2168	Murree	Pakistan	33,9 N	73,6 E	Hochtal	S
18	2127	Darjeeling	Indien	27,0 N	88,3 E	Hang	S
19	2037	Guanajuato	Mexiko	21,0 N	101,2 W	Hochfläche	S, e, nr
20	2017	Kalat	Pakistan	29,0 N	66,6 E	Hochfläche	S
Ohne Normalwerte							
21	2925	Mussala	Bulgarien	42,2 N	23,6 E	Gipfel	

Tabelle 2. Auswahl klimatischer Normalwerte aus [2] für die in Tab. 1 genannten Orte

Bei den Elementen T = Lufttemperatur in ° C, e = Dampfdruck in mb, R = Niederschlag in mm, S = Sonnenscheindauer in Stunden sind stets zuerst die Jahresmittel genannt, dann die durchschnittlich niedrigsten und höchsten Monatswerte. nr bedeutet die Zahl der Tage mit (mindestens 1 mm) Niederschlag, R_{max} die höchste jemals beobachtete monatliche Niederschlagshöhe

Spalte	1	1a	1b	2	2a	2b	3	3a	3b	4	4a	4b	5	6
	T			e			R			S			nr	R_{max}
Nr. Ort														
1. E. A.	8,8	7,3	10,1	6,4	4,3	8,0	555	4	139					
2. Cha.	7,7	3,4	10,5	4,5	2,7	7,2	283	1	73					
3. Cr. R.	− 1,8	− 6,8	4,1	3,1	2,0	4,6								
4. Or.	9,5	4,1	12,6	4,9	2,4	7,9	295	1	73					
5. Leh	5,5	− 8,5	17,4	4,2	1,8	8,4	116	3	19				28	112
6. L. Qu.	9,4	3,9	12,4	5,8	2,8	9,2	323	0	89	3384	232	302	(45)	228
7. So.	− 6,0	− 13,2	1,6	3,8	1,8	6,4	1495	108	154	1671	108	167	170	368
Totalisator							2507	153	270					544
8. Zu.	− 4,7	− 11,6	2,5	3,9	1,9	6,5	1946			1815	116	178	167	456
Totalisator							2390	111	344					
9. Qu.	13,0	12,8	13,2	11,5	9,8	12,4	1233	20	185	2149	137	256	145	293
10. Za.	13,2	9,5	16,7	8,0	4,8	11,4	313	2	69					203
11. Co.	16,0	12,3	18,6	8,1	5,1	12,3	484	1	124					
12. Sä.	− 1,9	− 9,0	5,6	4,4	2,3	7,4	2488	164	302	1880	112	196	170	696
13. A. A.	16,8	14,9	19,8	11,7	8,4	14,7	1089	3	263	2510	83	275	(138)	
14. As.	16,2	14,0	18,6	11,7	8,8	15,3	558	0	197				60	
15. M. K.	13,5	5,8	19,1	9,8	4,7	17,9	1308	4	332				101	748
16. Ta.	15,1	12,1	17,4	10,7	7,7	14,8	726	5	160					278
17. Mu.	12,9	2,8	21,2	10,6	(4,5)	18,9	1614	21	360				89	841
18. Da.	13,3	6,4	17,5	13,2	7,4	19,2	2760	5	713				147	1402
19. Gu.	17,9	14,1	21,2	10,4	7,5	13,6	683	5	144					349
20. Ka.	13,7	2,8	24,4	7,1	4,7	12,5	230	0	54				21	287

R_{min} ist bei fast allen Stationen = 0, nur beim Sonnblick für das Mittel aus Nord- und Südombrometer = 18, für den Totalisator = 21.

halbkugel weist 14 dieser Hochstationen auf, die Südhalbkugel 7, die Westhemisphäre 10, die Osthemisphäre 11. Diese 11 Orte der Osthemisphäre liegen alle auf der Nordhalbkugel.

Die WMO-Publikation [2] enthält Angaben über Luftdruck (P), der im folgenden nicht weiter diskutiert wird, Temperatur (T), Sonnenscheindauer (S), Dampfdruck (e), Relative Feuchtigkeit (U), Niederschlag (R), Zahl der Tage mit mindestens 1 mm Niederschlag (nr) und Quintilen-Grenzwerte des Niederschlags (Rd), denen vor allem die kleinsten und größten je beobachteten Monatswerte des Niederschlags (Rmin und Rmax) entnommen seien.

Die Lage der Orte wurde nach den Karten eines Weltatlasses abgeschätzt. Es ergab sich: 4 Gipfel (alle in Europa), 3 Pässe (die höchsten Orte), 6 Hochflächen, 7 Hochtäler und 1 Hanglage.

War in [1] als höchste, je in Betrieb gewesene Station der 5850 m hohe El Misti in Peru genannt worden, so ist aus [2] als höchste Station mit Normalwerten für 1931—1960 El Alto über La Paz in Bolivien, 4103 m, zu ersehen. Der Höhe nach reiht der Sonnblick an 7. Stelle, der Länge der geschlossenen Beobachtungsreihe nach wohl an 1. Stelle. Außerdem figuriert der Sonnblick in Tab. 1 als höchste Gipfelstation.

Die laut Tab. 1 fehlenden Dampfdruckwerte e haben wir aus den Daten für die Temperatur und für die relative Feuchtigkeit in [2] angenähert berechnet. Für den

Sonnblick zogen wir auch die Totalisatorenwerte des Niederschlags aus [3] heran. Die entsprechenden Werte für die Zugspitze entnahmen wir [4]. Aus [5] holten wir Zahlenangaben für die Zahl der Tage mit Niederschlag, wobei wir allerdings verschieden hohe Auszählungsgrundwerte der Tagesmengen in Kauf nehmen mußten, und zwar für La Quiaca 0,25 mm, für Addis Ababa 0,1 mm und nur für Asmara den für [2] richtigen Betrag von 1,0 mm.

2. Diskussion

Von den in Tab. 2 genannten Hochstationen weist der Sonnblick die niedrigsten Temperaturen und die geringste Sonnenscheindauer auf. Sein Jahresniederschlag, gemessen mit dem Totalisator reiht nach dem von Darjeeling an 2. Stelle. Der Jahresgang des Niederschlags ist auf dem Sonnblick besonders ausgeglichen, die Zahl der Tage mit Niederschlag von mindestens 1 mm ebensogroß wie auf dem Säntis. Der Extremwert des Monatsniederschlags bleibt mit 544 mm allerdings gegen die Exzessivwerte von Darjeeling 1402 mm, Murree 841 mm, Mukteswar Kumaon 748 mm und auch Säntis 696 mm zurück.

Die Jahresamplitude der Temperatur, 14,8° C, berechnet als Differenz zwischen dem höchsten und dem niedrigsten Monatsmittel 1,6—(— 13,2), liegt etwa in der Mitte zwischen den Werten von 25,9° C für das Hochtal von Leh in 34° N und nur 0,4° C für Quito am Äquator.

Der Wasserdampfgehalt der Luft, abgeschätzt nach den in Tab. 2 enthaltenen Dampfdruckwerten in mb, ist in Leh zwar etwa gleich wie auf den genannten Alpengipfeln (4,2 gegen 4,0), in den übrigen angeführten Hochlagen des indischen Subkontinents aber bedeutend höher (Mittel 10,2 mb). Für die mexikanischen Orte erhält man 9,7 mb als Mittel, für die äthiopischen 11,7 mb und für die Hochstationen in den Anden 6,3 mb. Bemerkenswert niedrig ist dort der Wert 3,1 mb für Cristo Redentor, 3832 m, in 33° S.

Für die Lebhaftigkeit des Wettergeschehens erhalten wir einen rohen Index, wenn wir den Quotienten Niederschlag durch Dampfdruck berechnen. Für den Sonnblick ergibt sich mit 650 der höchste Wert, für Leh mit 28 der niedrigste. Für Darjeeling berechnet man aus den Jahreswerten 209, für den Juli allein 37 (für Cherrapunji 2855 : 22,3 = 128). In Gruppenmitteln zeigen sich etwa folgende Vergleichswerte: Alpengipfel 610, Indischer Subkontinent 132, Andengipfel und Äthiopien etwa 70, Mexiko etwa 60.

Diese Andeutungen mögen genügen, um zu zeigen, in welch vielfältiger Weise langjährig gewissenhaft betriebene Hochstationen zur Kenntnis nicht nur des Gebirgsklimas, sondern auch der hydrophysikalischen Vorgänge in der Atmosphäre beitragen können.

Literatur

[1] Lauscher, F.: Die Tagesschwankung der Lufttemperatur auf Höhenstationen in allen Erdteilen. 60.—62. Jahesber. Sonnblick-Ver., 3—17. Wien 1966.

[2] Climatological Normals (CLINO) for Climat and Climat Ship Stations for the Period 1931—1960. World Meteorological Organization, WMO-No. 117. TP 52. Genf 1971.

[3] Roller, Maria: Totalisatorenbeobachtungen im Sonnblickgebiet im Zeitraum 1927 bis 1959, 54.—57. Jahber. Sonnblick-Ver., 58—65. Wien 1961.

[4] Daten R und R_{max} für Zugspitze nach brieflicher Mitteilung des Wetteramtes München, nr und Daten für den Totalisator Plattach-Ferner, 2577 m, nach der Klimakunde des Deutschen Reiches, Band II, Tab. 40, S. 385. Berlin 1939.

[5] Tables of Temperature, relative Humidity and Precipitation for the World. Part I—V, Meteorological Office. London 1958.

Chronik der meteorologischen Station auf der Villacher Alpe, 2140 m

Von Hans Troschl, Klagenfurt

Mit 3 Abbildungen

Als in der zweiten Hälfte des 19. Jahrhunderts die Erschließung der alpinen Bergwelt ein begeisterndes Interesse fand, als in allen Alpenländern touristische Vereine entstanden, bildete für den Raum Villach der Dobratsch den attraktivsten Anziehungspunkt. Der 1870 gegründeten Sektion Villach des damaligen Deutschen Alpenvereines war es daher ein besonderes Anliegen, in der Gipfelregion des Hausberges für eine Unterkunftsmöglichkeit zu sorgen. Die diesbezüglichen Bestrebungen konnten schon in den Jahren 1871—1872 mit dem Bau der nach Kronprinz Rudolf benannten Rudolfshütte realisiert werden.

Die K. u. k. Centralanstalt für Meteorologie und Erdmagnetismus, die zu dieser Zeit bereits vom Hochobir über Beobachtungsdaten verfügte, ließ sich die Möglichkeit, von einem weiteren exponierten Höhenpunkt meteorologische Daten zu gewinnen, nicht entgehen. Im August 1876 wurden auf dem Dobratsch erstmals regelmäßige Temperaturmessungen täglich um 7, 14 und 21 Uhr von J. Dobay vorgenommen. In den folgenden drei Jahren erstreckte sich die Beobachtungsdauer zum Teil auch auf den Juli und September, und der Beobachtungsumfang wurde auf Bewölkung, Wind und eine Zeitlang auch auf den Niederschlag ausgedehnt. Ausführendes Organ war der Telegraphist Johann Salletzl, dessen Wetteraufzeichnungen um so wertvoller waren, als die Beobachtungen auf dem Hochobir mit der Auflassung des Bergbaues für etwa zwei Jahre eingestellt werden mußten. Die Jahre 1880—1881 blieben dann aus heute nicht mehr feststellbaren Gründen ohne Beobachtung, worauf ein Jahr später, als die Beobachtungen wieder durchgeführt wurden, sogar ein Kappeller-Stationsbarometer für Luftdruckmessungen zur Verfügung stand.

In der Folge vergingen Jahrzehnte, in denen irgendeine meteorologische Beobachtertätigkeit auf der Villacher Alpe nicht nachweisbar ist. Wahrscheinlich lag es daran, daß keine geeignete Person für die pünktlich durchzuführenden Aufgaben zur Verfügung stand. Es erscheint aber auch denkbar, daß das Interesse an den nur auf die Sommermonate beschränkten Werten allmählich erlahmt war, zumal die Centralanstalt vom Hochobir wieder ganzjährige Daten erhielt und außerdem die Eröffnung des Sonnblick-Observatoriums in Bälde bevorstand.

Erst die staatspolitischen Verhältnisse des Jahres 1919 rückten den Dobratsch wieder in den Vordergrund. Nachdem bereits mit Ende des Ersten Weltkrieges die Karnischen Alpen und die Karawanken zur südlichen Staatsgrenze der Republik Österreich geworden waren, wurden bald darauf der Gebirgszug der Karawanken und auch der vorgelagerte Hochobir vom jugoslawischen Staate besetzt. Damit war aber auch das auf dessen Gipfel befindliche Observatorium annektiert. Die Beobachtungen und Meldungen von dieser Bergstation fielen für Österreich aus, und so drängte sich vorbeugend der Gedanke auf, Ersatz zu schaffen, zumal man ja zu diesem Zeitpunkt noch nicht wissen konnte, wie die Kärntner Volksabstimmung ausgehen würde.

Eine der ersten Anregungen, auch auf der Villacher Alpe eine reguläre meteorologische Beobachtungsstation einzurichten, kam zu dieser Zeit von der Sektion Villach des D. u. Ö. Alpenvereins. In einem Schreiben an die Zentralanstalt für Meteorologie und Geodynamik machte sie den Vorschlag, schon im Frühjahr 1920 mit den Berichten über Temperatur, Barometerstand, Windrichtung und Windstärke sowie Wolkenbildung zu beginnen. Das 1907 errichtete und nach dem Stadtbaumeister Ludwig Walter benannte Ludwig-Walter-Haus sei ganzjährig bewirtschaftet, und der Pächter, ein intelligenter und gediegener Mann, besitze die für das Amt eines Beobachters notwendigen Eigenschaften, Genauigkeit und Gewissenhaftigkeit. Zur gleichen Zeit trat auch Prof. Dr. Rudolf Spitaler vom Institut für kosmische Physik an der Universität in Prag, ein gebürtiger Bleiberger, der jedes Jahr seine Ferien in Villach verbrachte, als eifriger Initiator einer Stationsgründung auf der Villacher Alpe in den Vordergrund. Dieser sein langgehegter Wunsch schien nun durch die Vorschläge der Alpenvereinssektion in Erfüllung zu gehen, und er bat deshalb die Zentralanstalt, das Unternehmen zu fördern, um so mehr, als damit in der neuen südwestlichen Ecke des nach dem Kriege beschnittenen Staatsgebietes eine sehr wertvolle Station gewonnen werden könnte.

Die Zentralanstalt stand diesen Anregungen sehr positiv gegenüber, zumal sie bewiesenermaßen schon lange das Bestreben hatte, in den Schutzhäusern auf dem Dobratsch (2167 m) eine meteorologische Station unterzubringen, was aber an den Kosten für Beobachter und Telephonlegung scheiterte. Das Sonnblick-Observatorium (3106 m) bestand damals schon mehr als drei Jahrzehnte, noch länger jenes auf dem Hochobir (2044 m), und die Schaffung einer weiteren Höhenstation bot nicht nur die Möglichkeit, das damals auf einem Tiefstand befindliche österreichische Stationsnetz um einen wichtigen synoptischen Meldepunkt zu bereichern, auch für die Gebirgsmeteorologie waren weitere wissenschaftliche Erkenntnisse zu erwarten. Dessen ungeachtet erschien die Villacher Alpe seit jeher zufolge ihrer Lage für meteorologische Beobachtungen besonders gut geeignet. Der mächtige Gebirgsstock, der bei einer Länge von rund 15 km eine größte Breite von 5 km aufweist, bildet den östlichsten Ausläufer der die Täler der Drau und Gail trennenden Gailtaler Alpen, ist jedoch von diesen durch den tief eingeschnittenen Bleiberger Sattel weitgehend isoliert. Aus dem Villacher Raum ist der Anstieg zum Gipfel (2167 m) relativ sanft und teilweise von ausgedehnten Plateaubildungen unterbrochen. Wesentlich steiler und durchfurchter ist die gegen das Bleiberger Tal gerichtete Nordflanke, die im Winter des öfteren lawinengefährdet ist und daher auch bezeichnenderweise den Namen Lahner führt. Von unten gesehen imposant, von oben furchterregend erscheint dagegen die nahezu senkrechte südseitige Felswand. Sie entstand durch den gewaltigen Bergsturz im Jahre 1348.

Die ersten Impulse zur Verwirklichung des Vorhabens verebbten zunächst an den unsicheren politischen Verhältnissen und an der fortschreitenden Geldentwertung. Erst im Jahre 1921 wurden die Kontakte zwischen der Zentralanstalt und der Alpenvereinssektion wieder aufgenommen, wobei in Wien Regierungsrat Dr. Schlein und in Villach Staatsbahnrat Siber schriftführend waren. Positive Einstellung gab es auf beiden Seiten, und so galt es nun festzulegen, wie und wo die Instrumente aufgestellt werden sollten. Der Bau einer Freiland-Instrumentenhütte war unerschwinglich. Der Alpenverein, der sich bereit erklärt hatte, das im ersten Stock befindliche nordwestseitige Eckzimmer des Ludwig-Walter-Hauses der Meteorologie zur Verfügung zu stellen, wollte nordseitig ein Fenster ausbrechen lassen, um daran einen Jalousiekasten für die Instrumente anzubauen. Bald später stand auch eine Anbringung eines Thermographen und eines Thermometers an der Nordmauer der Deutschen Kirche in Gespräch. Diese steht höher als das

Ludwig-Walter-Haus, der Platz nahezu in Gipfelhöhe erschien deshalb geeigneter, doch bangte man mangels einer ständig möglichen Baufsichtigung vor Beschädigungen. So wurde schließlich beschlossen, das Barometer im Eckzimmer, das übrige Instrumentarium am nordseitigen Ende des Korridors in einer Blechbeschirmung unterzubringen und den Niederschlagsmesser hinter dem Ludwig-Walter-Haus aufzustellen. Letztere Aufstellung erwies sich aber später als völlig ungeeignet, weil dort im Winter übermäßig große Schneeansammlungen entstehen.

Ein weiteres Problem, das, wie sich später zeigte, zu einem Dauerproblem auf Jahrzehnte werden sollte, war die telephonische Verbindung von der Villacher Alpe nach Bleiberg. Sie war im Sommer 1921 als Freileitung fertiggestellt, und damit war zumindest die Voraussetzung gegeben, täglich Wettermeldungen von der Bergstation absetzen zu können. Diese sollten ebenso wie jene vom Sonnblick und vom Obir in die internationale Wettersendung aufgenommen werden, die von Wien aus per Morsetelegraphie verbreitet wurde. Darüber hinaus wurde aber auch schon damals der praktische, in erster Linie dem Touristenverkehr zugute kommende Wert nicht übersehen, Wetter- und Schneeverhältnisse von der Villacher Alpe täglich in den Zeitungen von Villach und Klagenfurt publizieren zu können.

Bevor es aber zur Stationseinrichtung kam, rückte eine neue Überlegung in den Vordergrund, die auch heute noch unbestritten ist. Meteorologische Höhenbeobachtungen gewinnen an Wert, wenn gleichzeitig auch Beobachtungen am Fuße des Berges angestellt werden. Für die Villacher Alpe kam Villach in Frage, nach den Vorschlägen von Dr. Spitaler auch Arnoldstein oder Nötsch, doch entschloß man sich letzten Endes für den ersteren Bezugspunkt. So wurde die Alpenvereinssektion gebeten, einen geeigneten Beobachter für eine Station in Villach ausfindig zu machen. Im Juli 1921 war es dann erstmalig so weit, daß sich Dr. Arthur Wagner von der Zentralanstalt in Wien auf die Reise machen konnte. Er richtete neben der Talstation auch die Bergstation ein, der er ein altes, vom Sonnblick stammendes Barometer, eine Ombrometergarnitur, ein Stationsthermometer, ein Extremthermometer (Bauart Six), ein Haarhygrometer und eine Blechbeschirmung für die letzteren drei überbrachte. Die Installierung erfolgte am 9. Juli 1921, welches Datum wohl der Stationsgründung in diesem Jahrhundert, aber noch nicht dem Beginn von regelmäßigen Beobachtungen zuzuordnen ist.

Der erste Beobachter auf der Villacher Alpe war in dieser Ära der Hüttenwirt des Ludwig-Walter-Hauses Vinzenz Zirnstein. Vom Alpenverein zur Ausführung der Beobachtungen vertraglich verpflichtet, war es für ihn nicht leicht, die Aufgaben so zu erfüllen, wie er es wahrscheinlich selbst gewünscht hatte. Es fehlte ihm eine eingehende Vorschulung; mit den Instrumenten, die bei dem mit einem Karren bewerkstelligten Transport auf die Villacher Alpe teilweise gelitten haben dürften, kam er nicht immer zurecht und vor allem machte ihm die Telephonleitung nach Bleiberg zu schaffen, die er wiederholt flicken mußte. Ende Oktober 1921 schrieb er der Zentralanstalt, daß der Blitz 18 Telephonmaste zerschlagen und den Leitungsdraht teilweise geschmolzen hatte und daß die Postverwaltung vor Ablauf des Winters keine Instandsetzung mehr vornehmen werde. Seine Tätigkeit beschränkte sich daher in der Folge auf die Erstellung monatlicher Klimabogen, doch waren die Aufschreibungen mit vielen Fehlern behaftet und mit der Zeit immer weniger verwertbar.

Im Herbst 1923 besichtigte Dr. Anton Schlein die bis dahin ziemlich ramponierte und nicht mehr einsatzfähige Station, die noch immer ohne Telephonverbindung war. Es war klar, daß man nochmals von vorne anfangen mußte, aber vor allem galt es, die Telephonleitung wieder herstellen zu lassen. Eine diesbezügliche Eingabe an die Generaldirektion der Postverwaltung war von Erfolg begleitet, und im Sommer 1924 war die Verbindung mit Bleiberg endlich wieder hergestellt. Die Station bekam nun neue, das heißt einsatzfähige Instrumente, für die mittlerweile vom Alpenverein angefertigte Fenster-Jalousiehütte auch einen Thermographen, und als besondere Kostbarkeit ein Anemometer, das damals bereits den Inflationspreis von 1 700 000 ö.K. kostete. Prof. Dr. Rudolf Spitaler aus Prag, dem der Zusammenbruch der ersten Stationsperiode nicht unbekannt geblieben war und der zu dieser Zeit auf Urlaub in Villach weilte, übernahm jetzt die Wiedereinrichtung der Station und auch die Einschulung des neuen Hüttenwirtes Hans Possegger.

Abb. 1. Das Ludwig-Walter-Haus mit der meteorologischen Beobachtungsstation (Photo S. Schneeweiß).

Doch auch diese im Oktober 1925 begonnene Beobachtungsreihe, die sich nahezu ununterbrochen bis in die heutige Zeit fortsetzt, ließ hinsichtlich ihrer Qualität noch auf Jahre hinaus viele Wünsche offen. Zum Teil lag dies am Beobachter selbst, zum Teil an den veralterten und allmählich schadhaft gewordenen Instrumenten. Aber auch deren Unterbringung in der Fensterhütte, die im Sommer von der Morgensonne beschienen wurde und nicht genügend belüftet war, bot Anlaß zu Kritik. Dr. A. Roschkott hatte damals mit Hilfe der Obir-Daten nachgewiesen, daß die Temperaturmittel der Villacher Alpe vom Februar bis September zu hoch waren, was an den oft falschen 7-Uhr-Temperaturen lag, für die bei sonnigem Wetter manchmal um 3 bis 5 Grade zu hohe Werte ausgewiesen wurden. Überdies lieferten auch die Niederschlagsmessungen wegen des unzulänglichen Ombrometerstandplatzes wenig befriedigende Ergebnisse [1]. So erscheint es heute verständlich, daß 1930 Dr. Friedrich Lauscher neuerlich einen Schlußstrich unter alle bisherigen Beobachtungen ziehen und nochmals einen neuen Anfang setzen wollte; dies um so mehr, als auch die Ansprüche indessen größer und nicht mehr vergleichbar waren mit jenen vor einem Jahrzehnt, als man noch froh war, überhaupt eine Station in so exponierter Lage errichten zu können.

In jene Zeit fiel auch die Übernahme der Station Villacher Alpe durch den Sonnblick-Verein. Es folgte nun eine allmähliche Neuausstattung mit Instrumenten und 1933, als bereits Franz Fischer die Beobachtungen vornahm, wurde ein Fuess-Stationsbarometer überbracht und auf dem Grat unweit des Gipfels ein Sonnenscheinautograph aufgestellt. Ein Jahr später kam es dann zum Bau eines Windschreiberhäuschens, ähnlich der Hann-

Warte auf dem Hochobir, und zur Installierung eines Beckley-Anemographen. Einen Markstein in der Geschichte der Villacher Alpe bedeutete aber erst das Jahr 1936, in welchem das Sonnblickobservatorium sein 50jähriges Bestandsjubiläum feierte. Die Station erhielt eine Freiland-Instrumentenhütte und damit entsprachen die Meßbedingungen erstmalig der auch noch heute gültigen Norm. Als Dr. Hanns Tollner die Station inspizierte, hatte der neue Beobachter, Ing. Hermann Siber, bereits eine reiche Anzahl von Instrumenten zur Verfügung. In der alten Fensterhütte 1 Stationsthermometer, 1 Extremthermometer, 1 Thermograph, 1 Hygrometer und in der Freilandhütte die gleiche Ausrüstung. Darüber hinaus existierten 1 Stationsbarometer (1 Barograph war angekündigt) und im Gelände 1 Ombrometer, 1 Anemograph, 1 Sonnenscheinautograph und 2 Schneepegel. Außerdem wurden 3 Niederschlagstotalisatoren betreut, und zwar beim Ludwig-Walter-Haus, bei der Knappenhütte und auf der Kaserin. Zu dieser Zeit machte die Station überhaupt einen sehr gepflegten Eindruck, was nicht nur dem Beobachter, sondern auch der Sektion des Alpenvereines zu danken war, die nach wie vor ein großes Interesse bekundete. Ein Jahr später, also 1937, fand leider wieder ein Hüttenpächter- bzw. Beobachterwechsel statt. Nachfolger war Adolf Franke. Dr. Othmar Eckel nahm dessen Einschulung vor und setzte als wichtigste Maßnahme die Einstellung der Instrumentenablesungen in der Fensterhütte. Trotzdem sind diese, wie sich später erwiesen hat, nicht restlos unterblieben, vor allem zum Abendtermin um 21 Uhr und bei unwirtlichen Wetterverhältnissen.

Die Annexion Österreichs durch das Deutsche Reich brachte auch der Villacher Alpe grundlegende organisatorische Veränderungen. 1939 wurde die Station vom Reichswetterdienst übernommen und der Vertrag zwischen dem Sonnblick-Verein und dem Alpenverein lief am Jahresende aus. Von nun an war der Alpenverein vertragsmäßig nicht mehr gebunden, einen Wetterbeobachter zu stellen. Der Hüttenwirt Adolf Franke wurde indes kriegsdienstverpflichtet und hatte als Wetterdienstassistent seine Aufgaben weiterzuführen. Das Instrumentarium, das Eigentum des Sonnblick-Vereins war, wurde 1940 zur Gänze ausgetauscht. Nur noch die mehr oder minder unbeweglichen Inventargegenstände, wie etwa die Fensterhütte und das Windschreiberhäuschen blieben zurück und auch die drei Totalisatoren, die aber nicht mehr gewartet wurden. Die neue Freilandhütte — neu war sie eigentlich auch nicht, denn sie stammte aus tschechischen Beständen — wurde weiter oben in Richtung Deutsche Kirche aufgestellt. Mit der Wahl dieses Aufstellungsplatzes sollte der Beobachter gezwungen sein, höher hinaufzusteigen und einen besseren Ausblick nach Südwesten zu gewinnen, um allenfalls eine Aufzugsbewölkung aus dieser Richtung möglichst frühzeitig wahrnehmen zu können. In solchen Fällen hatte er eine eigene Meldung abzusetzen. Zu dieser Zeit war ja der internationale Austausch von Wettermeldungen infolge der geheimen Verschlüsselung der Wetterfunkprogramme praktisch lahmgelegt, und so konnten die für die Großraumanalyse wichtigen Wettervorgänge über Westeuropa nur indirekt vermutet und allenfalls durch Indikatoren, wie beispielsweise eine Aufzugsbewölkung, bestätigt werden. Aber auch der normale Wettermeldedienst, der sich zuletzt nur auf die Übermittlung der 7- und 14-Uhr-Klimabeobachtung beschränkte, wurde wesentlich erweitert. Nachdem die postalische Telephonverbindung von der Villacher Alpe nach Bleiberg von der Wehrmacht provisorisch instandgesetzt wurde, bestand das tägliche Programm Ende 1940 aus drei Klimabeobachtungen und sechs Meldungen, die dem Flugwetterdienst Klagenfurt zugeleitet wurden.

Unter diesen Umständen war der Beobachter Franke reichlich ausgelastet. Nebenbei war er immer wieder unterwegs, um die Telephonleitung instandzusetzen, die im Sommer durch Blitzschlag und im Winter durch Schnee- oder Rauhreifbelastung zeitweise unterbrochen war. Mit Fortdauer der Kriegslage wurden die allgemeinen Aufenthaltsbedingungen in dieser Höhenlage mangels einer geeigneten Winterbekleidung und Ausrüstung und mangels ausreichender Verpflegung zunehmend schlechter. Als dann auch Nachtbeobachtungen angestellt werden mußten, wurden der Station ab 1943 zeitweise ein bis zwei Soldaten zur Dienstleistung zugeteilt. In dieser Zeit machte man sich übrigens bei den höheren militärischen Einsatzstellen wieder Gedanken, wie der bei der Übernahme durch den Reichswetterdienst abgebaute Windschreiber „Beckley" wiederbeschafft werden könnte, da Windrichtung und Stärke seit 1940 nur noch geschätzt wurden. Zu einer Aufstellung kam es aber in dieser Ära nicht mehr.

Nach dem Ende des Zweiten Weltkrieges ist das Absetzen von Meldungen, die zuletzt nicht mehr nach Klagenfurt, sondern nach Zeltweg geleitet wurden, eine Zeitlang unterblieben. Doch die Klimabeobachtungen hat Adolf Franke gemeinsam mit zwei abgerüsteten Soldaten weitergeführt. Dank dieser Eigeninitiative besteht heute von der Station Villacher Alpe auch für die erste Nachkriegszeit, die anderswo meistens Unterbrechungen aufweist, eine lückenlose Beobachtungsreihe.

Die amtliche Wiedereröffnung der Station ging zunächst von der der Kärntner Landesregierung unterstellten Wetterwarte Klagenfurt aus, die erst im August 1946 als Außenstelle der Zentralanstalt für Meteorologie und Geodynamik, Wien, übernommen wurde. Alle Probleme, die schon früher nicht auf Dauer gelöst werden konnten, waren nun wieder aktuell. Nur die Instrumentenfrage brauchte vorläufig nicht behandelt zu werden, da die zuletzt vorhandene Stationsausrüstung das Kriegsende unversehrt überstanden hatte. In erster Linie ging es zunächst um die personelle Besetzung der Station. Die Sektion Villach des Österreichischen Alpenvereines stellte zwar der alten Tradition folgend wieder ein Zimmer zur Verfügung, überließ es aber der freien Entscheidung des Hüttenpächters, sich auch als Wetterbeobachter betätigen zu wollen. Adolf Franke versah dieses Amt unterstützt von Angehörigen der Wetterdienststelle Klagenfurt noch zwei Jahre, dann gab er sowohl die Hüttenbewirtschaftung als auch den Wetterdienst auf. 1947 übernahm der langjährige, an anderen Tal- und Bergstationen tätig gewesene Wetterbeobachter Josef Riegelnik das Ludwig-Walter-Haus. Ihm standen für kurze Zeit Gernot Stranner und sechs Jahre lang Franz Kummer zur Seite. Beide Männer sind auf tragische Weise aus dem Leben geschieden. Stranner, ein junger und sehr passionierter Beobachter, ging 1953, als er sich bereits auf dem Posten der Turracher Höhe befand, freiwillig in den Tod, und Kummer stürzte 1954 auf der Villacher Alpe aus nie ganz geklärten Gründen tödlich in der Lahner ab. Auch die beiden folgenden Jahre brachten in personeller Hinsicht aufregende Ereignisse, die aber glücklich endeten. Der knapp ein Jahr als Beobachter beschäftigt gewesene Josef Petschar erlitt bei einem Dienstgang auf Skiern einen Beinbruch, und im Dezember 1956 kam Wilhelm Stern, der zu einer Dienstablöse unterwegs war, in eine äußerst kritische Lage. Er wählte unglückseligerweise den Aufstieg durch den Lahner und zog sich bei einem Sturz auf einer Eisplatte kurz vor Erreichen des Zieles eine Knieverletzung zu. Seine mit einer Taschenlampe abgegebenen Notsignale leiteten beim Gendarmerieposten Bleiberg eine mühevolle, aber letzten Endes erfolgreiche Rettungsaktion ein, nachdem der Verunglückte eine ganze Nacht bei winterlicher Kälte in einer Felsnische verbringen mußte.

Obwohl in den zehn Jahren nach dem Kriege notgedrungen ein oftmaliger Wechsel des zweiten Beobachters erfolgte, waren die Schwierigkeiten der personellen Stationsbesetzung insofern noch relativ gering, als wenigstens der ansässige Pächter des Ludwig-Walter-Hauses im Dienste der Zentralanstalt stand. Als aber 1956 Josef Riegelnik die Villacher Alpe aus gesundheitlichen Gründen verließ und der nachfolgende Pächter an

Klimatabelle der Station Villacher Alpe, 2140 m (1941—1971)

	Jan.	Febr.	März	April	Mai	Juni	Juli	Aug.	Sept.	Okt.	Nov.	Dez.	Jahr
Luftdruck, mm													
Mittel	584,01	583,64	585,32	586,84	589,02	591,32	592,35	592,05	592,23	590,39	586,50	584,75	588,20
Größtes													
Monats- und Jahresmittel	592,0	594,1	593,6	591,7	592,0	593,7	594,5	594,1	594,5	593,4	593,1	590,8	590,0
Jahr	1964	1959	1948	1947	1958	1945	1969	1944	1961	1969	1953	1948	1953
Kleinstes													
Monats- und Jahresmittel	578,9	578,0	579,8	583,1	585,1	588,5	589,8	589,8	588,7	585,8	582,7	579,8	586,6
Jahr	1945	1955	1962	1965	1941	1969	1954	1968	1952	1960	1965	1969	1941
Absolutes Maximum	601,9	602,5	600,5	598,5	600,7	600,4	600,8	599,8	600,1	600,2	599,4	600,4	602,5
Jahr	1949	1959	1968	1947	1943	1946	1946	1959	1953	1947	1967	1954	1959
Absolutes Minimum	567,0	566,8	565,9	570,4	577,1	576,5	581,8	581,9	578,4	569,6	567,1	565,9	565,9
Jahr	1965	1956	1970	1962	1951	1953	1948	1968	1955	1959	1969	1952	1952
Durchschnittliches Maximum	593,18	593,09	593,40	594,43	595,26	596,82	597,55	597,60	597,62	596,80	594,67	594,31	599,55
Durchschnittliches Minimum	573,43	572,64	576,62	576,54	581,12	583,66	585,44	585,36	584,81	581,41	575,90	573,22	569,36
Lufttemperatur, °C													
Mittel	— 7,8	— 7,4	— 5,2	— 1,6	2,4	6,2	8,4	8,2	6,0	1,9	— 2,9	— 6,1	0,2
7 Uhr	— 8,2	— 8,1	— 6,0	— 2,6	1,6	5,4	7,6	7,4	5,3	1,3	— 3,3	— 6,5	— 0,5
14 Uhr	— 7,1	— 6,3	— 3,8	— 0,3	4,0	7,8	10,1	10,0	7,7	3,3	— 2,2	— 5,5	1,5
21 Uhr	— 8,0	— 7,6	— 5,4	— 2,2	2,1	5,7	7,8	7,7	5,6	1,5	— 3,1	— 6,3	— 0,2
Höchstes													
Monats- und Jahresmittel	— 4,3	— 2,8	— 1,3	2,0	6,3	8,1	11,1	10,4	9,5	5,0	0,4	— 2,8	1,2
Jahr	1944	1966	1957	1949	1958	1950	1950	1943	1961	1967	1953	1951	1961
Tiefstes													
Monats- und Jahresmittel	— 13,2	— 15,7	— 9,3	— 4,6	— 0,8	4,0	5,6	6,3	2,7	— 1,4	— 5,8	— 9,8	— 0,9
Jahr	1963	1956	1944	1958	1941	1956	1948	1968	1952	1951	1952	1946	1956
Durchschnittliche Veränderlichkeit	1,81	2,31	1,73	1,50	1,18	1,00	1,07	0,96	1,29	1,38	1,41	1,56	0,59

	Jän	Feb	Mär	Apr	Mai	Jun	Jul	Aug	Sep	Okt	Nov	Dez	Jahr
Durchschnittliches tägliches Maximum	−5,5	−5,0	−2,7	0,8	5,1	9,1	11,4	11,3	8,7	4,4	−0,8	−3,8	2,8
Durchschnittliches tägliches Minimum	−10,3	−9,8	−7,6	−4,0	−0,1	3,5	5,5	5,5	3,6	−0,4	−5,1	−8,4	−2,3
Durchschnittliches Monats- und Jahresmaximum	2,9	2,8	4,5	7,3	12,0	15,7	17,6	17,3	14,8	11,5	6,4	3,9	18,6
Durchschnittliches Monats- und Jahresminimum	−18,6	−17,7	−15,6	−11,5	−7,3	−2,5	−0,6	−0,4	−3,2	−8,4	−12,5	−16,4	−21,2
Absolutes Maximum	6,9	9,4	9,2	12,3	17,0	20,3	21,3	19,6	17,7	15,0	10,9	8,3	21,3
Jahr	1948	1950	1960	1968	1969	1950	1950	1946	1961	1949	1970	1948	1950
Absolutes Minimum	−34,6	−27,0	−22,2	−19,9	−13,0	−6,6	−3,6	−3,5	−10,0	−15,0	−19,2	−22,5	−34,6
Jahr	1947	1956	1949	1941	1957	1962	1948	1941	1942	1946	1941	1941	1947
Frosttage (Minimum ≦ 0°)	30,7	27,6	30,1	24,9	15,2	5,1	2,2	1,5	5,3	14,6	26,6	30,1	213,8
Eistage (Maximum ≦ 0°)	27,5	23,9	22,9	13,5	3,4	0,3	0,1	0,0	0,4	5,3	17,0	25,3	139,7

Relative Luftfeuchtigkeit, %

	Jän	Feb	Mär	Apr	Mai	Jun	Jul	Aug	Sep	Okt	Nov	Dez	Jahr
Tagesmittel	76	78	80	84	85	85	83	84	83	78	81	78	81
7 Uhr	76	79	80	85	86	85	82	84	82	77	81	78	81
14 Uhr	75	77	78	81	81	82	80	82	80	75	80	77	79
21 Uhr	77	80	82	86	88	88	86	87	85	81	82	79	83
Größtes Monats- und Jahresmittel	90	96	94	92	93	96	90	90	93	93	91	95	88
Kleinstes Monats- und Jahresmittel	45	53	62	77	75	77	74	74	64	53	59	63	75

Dampfdruck, mm Hg

	Jän	Feb	Mär	Apr	Mai	Jun	Jul	Aug	Sep	Okt	Nov	Dez	Jahr
Tagesmittel	2,0	2,1	2,6	3,5	4,7	6,1	7,0	7,0	5,9	4,1	3,1	2,3	4,2
7 Uhr	2,0	2,0	2,4	3,3	4,4	5,8	6,5	6,5	5,5	3,9	3,0	2,3	4,0
14 Uhr	2,1	2,3	2,8	3,7	5,0	6,5	7,5	7,5	6,3	4,4	3,2	2,4	4,5
21 Uhr	2,0	2,1	2,6	3,5	4,8	6,1	6,9	6,8	5,9	4,1	3,0	2,3	4,2

Klimatabelle (Fortsetzung)

	Jan.	Febr.	März	April	Mai	Juni	Juli	Aug.	Sept.	Okt.	Nov.	Dez.	Jahr
Größtes Monats- und Jahresmittel	2,8	3,0	3,3	4,4	5,8	7,2	8,5	8,3	6,9	5,6	3,8	3,1	4,7
Kleinstes Monats- und Jahresmittel	1,3	1,2	2,0	2,9	3,8	5,5	6,0	6,2	4,8	3,2	2,4	1,8	3,8
Bewölkung, Zehntel der Himmelsfläche													
Tagesmittel	5,9	6,2	6,4	6,9	7,2	7,1	6,4	6,3	6,0	6,1	6,7	6,1	6,4
7 Uhr	6,0	6,3	6,4	6,8	6,7	6,5	5,6	5,8	5,9	6,1	6,8	6,2	6,3
14 Uhr	6,2	6,5	6,9	7,6	7,9	7,8	7,0	7,1	6,7	6,5	7,2	6,4	7,0
21 Uhr	5,5	5,7	5,9	6,3	7,1	7,3	6,6	6,1	5,6	5,6	6,3	5,7	6,1
Größtes Monats- und Jahresmittel	7,8	8,9	8,6	8,4	8,6	8,5	8,1	8,4	7,8	8,9	8,2	8,6	7,2
Kleinstes Monats- und Jahresmittel	2,1	2,8	2,8	4,5	5,3	4,7	5,5	4,7	3,6	3,6	3,3	4,0	5,8
Trübe Tage (Bewölkung ≥ 8)	9,8	9,4	11,6	12,6	13,5	12,5	9,0	9,2	10,2	11,3	13,0	11,3	133,4
Maximum	19	22	21	19	23	20	18	20	21	23	20	24	167
Minimum	2	2	1	2	3	5	4	4	3	2	3	4	110
Heitere Tage (Bewölkung ≤ 2)	4,9	3,7	3,9	2,0	0,9	0,8	1,5	2,1	4,2	5,5	3,0	4,9	37,4
Maximum	22	15	16	6	4	4	6	6	11	15	10	11	61
Minimum	0	0	0	0	0	0	0	0	0	0	0	0	18
Tage mit Nebel	14,8	15,0	17,2	18,3	20,6	19,8	18,0	18,7	17,9	17,5	18,1	16,4	212,3
Sonnenscheindauer, Stundensummen													
Mittel	132	137	164	163	181	192	229	215	185	166	111	114	1989
Maximum	237	239	266	234	282	278	276	312	278	266	214	160	2274
Minimum	68	24	67	53	109	121	151	116	106	73	51	41	1654
Effektiv mögliche Dauer, %	48	48	47	42	41	42	49	50	51	51	41	43	46
Niederschlag, mm													
Mittel	103	101	87	124	115	160	175	155	128	106	156	127	1537
Maximum	390	521	247	288	265	306	320	258	395	324	329	421	2401
Jahr	1951	1951	1951	1959	1955	1946	1948	1970	1965	1964	1965	1960	1951
Minimum	0	4	1	18	31	88	64	30	25	0	15	22	1110
Jahr	1964	1959	1948	1946	1958	1967	1963	1944	1941	1964	1953	1956	1942
Größte Tagesmenge	102	167	69	86	58	81	81	76	99	86	141	111	167

68.—69. Jahresbericht des Sonnblick-Vereines, 1970—1971

Tage mit Niederschlag, ≧ 0,1 mm	13,3	12,3	12,4	15,1	17,0	17,4	16,7	15,6	13,3	11,6	13,7	13,2	171,6
Maximum	22	26	23	23	23	22	22	24	23	23	25	23	200
Minimum	0	3	2	7	8	13	11	11	5	0	2	4	136
Tage mit Niederschlag, ≧ 1,0 mm	9,7	9,1	9,0	11,6	13,0	14,1	12,9	12,5	10,2	8,6	11,3	10,3	132,3
Tage mit Schneefall	13,3	12,2	12,4	14,1	10,8	4,3	2,4	1,6	2,7	6,5	12,3	13,1	105,7
Tage mit Schneedecke	31,0	28,2	30,9	28,5	18,7	4,1	1,3	0,5	1,7	7,6	24,7	29,3	206,5
Durchschnittliche maximale Schneehöhe, cm	123	146	147	144	95	21	4	2	6	27	71	98	194
Tage mit Gewitter	0,0	0,2	0,5	1,8	4,6	8,3	10,4	6,8	3,5	1,0	1,0	0,5	38,6
Häufigkeiten der Windrichtungen, %													
N	23	22	21	21	19	17	18	14	14	15	17	21	18
NE	9	7	9	9	9	10	8	7	9	11	8	9	9
E	2	2	3	3	4	4	4	3	3	5	3	3	3
SE	2	1	2	2	2	1	1	2	2	3	2	2	2
S	8	7	9	10	15	15	14	16	18	18	16	12	14
SW	31	33	27	29	29	30	30	36	34	29	35	34	31
W	7	9	10	9	8	5	7	7	5	5	4	4	6
NW	16	17	16	14	12	15	14	11	9	10	12	13	14
Windstille	2	2	3	3	2	3	4	4	6	4	3	2	3
Mittlere Windgeschwindigkeit, m/sec	5,8	5,8	5,1	4,8	4,8	4,3	4,0	4,1	4,2	4,8	5,8	5,7	4,9
Tage mit Sturm (Windstärke 6 und mehr)	10,7	9,4	8,7	7,0	7,8	6,1	5,3	6,8	6,5	7,1	10,6	10,4	96,4

einer wetterdienstlichen Mitarbeit überhaupt nicht interessiert war, ergab sich eine völlig neue Situation. Wie schon früher in Zeiten einer Personallücke mußte sich nun in regelmäßigen Abständen ein technischer Angestellter der Wetterdienststelle Klagenfurt zur Dienstablöse des mittlerweile neu aufgenommenen Beobachters Ernst Rabitsch auf die Villacher Alpe begeben. Die Einstellung eines zweiten hauptamtlichen Beobachters war nicht nur durch staatliche Sparmaßnahmen blockiert, sie war auch an sich schwierig, da der Posten eines Wetterbeobachters auf der Villacher Alpe unter den damaligen Bedingungen kaum einen Anreiz bot, ja eher abschreckend wirkte. In einer Zeit, da der allgemeine wirtschaftliche Aufschwung begann und die Arbeitsverhältnisse sich überall besserten, mußte der von frühmorgens bis spätabends an der Bergstation tätige Beobachter an den Wintertagen bei einer Petroleumlampe seine Eintragungen und Auswertungen besorgen. Für die Beheizung seines kleinen, einfenstrigen Zimmers, das zugleich Dienst- und Schlafraum war, war ein transportabler Herd vorhanden, der auch zur Zubereitung eines warmen Essens diente. Die Verpflegung war überhaupt ein besonderes Problem. Nicht nur daß jeder Beobachter sein eigener Koch sein mußte, hatte er auch die Lebensmittel für eine Dienstperiode von zwei Wochen selbst auf den Berg zu tragen. Wasser gab der Hüttenwirt aus einer Zisterne ab, in Zeiten der Knappheit nur rationiert und gegen ein Entgelt, und wenn die Zisterne leer war, mußte Regen- oder Schneewasser verwendet werden.

Die dienstlichen Obliegenheiten sind an jeder hochalpinen Station besonders im Winter ungleich schwieriger zu bewältigen als an einer Talstation. Die häufigen Rauhreifansätze an den Instrumenten, die Bildung von Schneefahnen an den Anemometerschalenkreuzen und überhaupt das oftmals unwirtliche Wetter durch Sturm und Nebel sind nur einige dieser Erschwernisse. Auf der Villacher Alpe kommt noch der verhältnismäßig weite Anmarsch zu den Instrumenten hinzu, der etwa zehnmal am Tage vorgenommen wird und bei hohem Neuschnee ein Stapfen und eine wiederholte Spurenlegung bedeutet. Außerdem ist die Begehung des Gipfelgrates zum Windschreiberhäuschen angesichts der steil abfallenden Südwand besonders bei Vorhandensein überhängender Schneewächten nicht ungefährlich. Es bedarf also etlichen Aufwandes, bis eine relativ kurze Wetteraufschreibung oder die Verschlüsselung einer Meldung zustande kommt. Zu jener Zeit, als die Telephonverbindung nach Bleiberg öfter unterbrochen als intakt war, setzte der Beobachter die Meldungen mittels eines aus amerikanischen Heeresbeständen stammenden Funkgerätes zur Wetterdienststelle Klagenfurt ab. Dazu war ein stromerzeugendes Benzinaggregat notwendig, das eine Quelle wiederholten Ärgernisses war, weil die häufig erforderlichen, zeitaufwendigen Instandsetzungen nicht immer von Erfolg begleitet waren.

Im Jahre 1958 erfolgte endlich eine personelle Konsolidierung. Es konnte Manfred Appe als ständiger zweiter Beobachter eingestellt werden, der die Station gemeinsam mit Ernst Rabitsch gewissenhaft und mit viel Verständnis hervorragend betreute. In den Jahren der Tätigkeit dieses Gespannes wurden wieder zwei Niederschlagstotalisatoren aufgestellt, der eine auf dem Elfer, der andere auf der Roßtratte, und für eine längere Reihe von Sommern war die Villacher Alpe im Rahmen einer Hagelabwehrversuchsaktion einer jener Punkte, von denen an gewittrigen Tagen Silberjodid mit Hilfe eines Generators in die Luft versprüht wurde. Eine wesentliche Verbesserung erfuhr in dieser Zeit auch die Funkverbindung mit Klagenfurt, da die alten amerikanischen Geräte durch kleine moderne UKW-Handfunksprecher ersetzt wurden, die batteriebetrieben einfacher zu bedienen und auch weniger störungsanfällig waren.

Als 1962 Manfred Appe die Villacher Alpe verließ, schien die weitere Stabilität der personellen Besetzung zunächst in Frage gestellt. Sein Nachfolger Siegfried Schneeweiß zerstreute aber sehr bald alle Bedenken. In ihm gewann die Station den exakten und bergverbundensten Beobachter, den sie je besessen hatte. Er sorgt auch heute noch mit Ernst Rabitsch für eine uneingeschränkte Verwertbarkeit der Beobachtungsergebnisse sowohl in klimatologischer Hinsicht als auch im Rahmen des österreichischen und internationalen Stationsnetzes.

Die Unterbringung der beiden Beobachter beziehungsweise ihr Dienstplatz in dem kleinen Raum des Ludwig-Walter-Hauses blieb indes noch viele Jahre äußerst dürftig.

Abb. 2. Der Sendeturm des Österreichischen Rundfunks und die Windmeß-Station (Photo S. Schneeweiß).

Als der Österreichische Rundfunk eine Fernsehversuchsstation auf der Villacher Alpe errichtete, war damit wenigstens ein erster Schritt in die Zivilisation verbunden, indem die Petroleumlampe endlich verbannt und durch elektrisches Licht ersetzt werden konnte. Die Eröffnung der Villacher Alpenstraße im Jahre 1965, der nach Legung eines Erdkabels erfolgte Anschluß an das amtliche automatisierte Telephonnetz, worauf der Funkverkehr mit Klagenfurt endgültig eingestellt wurde, brachten zwar eine weitere Abkehr von der Abgeschiedenheit der Bergwelt, doch um so deutlicher traten dafür die Ungunst und Unzulänglichkeit der Arbeitsplatzbedingungen zutage. Erst als vom Österreichischen Rundfunk ein wenig unterhalb des Ludwig-Walter-Hauses eine große moderne Sendeanlage gebaut wurde, ging auch die Station Villacher Alpe einem neuen Abschnitt ihres Bestandes entgegen.

Unter Aufbringung eines beachtlichen Baukostenzuschusses wurde zwischen der Zentralanstalt für Meteorologie und Geodynamik unter der Patronanz des Bundesministeriums für Wissenschaft und Forschung und dem Österreichischen Rundfunk ein Vertrag geschlossen, demzufolge der meteorologischen Beobachtungsstation Villacher

Alpe das 12. des insgesamt 13 Stockwerke umfassenden Funkturmes mietrechtlich zur Verfügung gestellt wurde. Ende November 1971 verließ die Station das Ludwig-Walter-Haus, das sie ein halbes Jahrhundert beherbergt hatte, um ihre Tätigkeit im neuen Gebäude und von diesem aus aufzunehmen.

Für die Beobachter brachte die neu eingerichtete Unterkunft einen gewaltigen Milieuwechsel mit sich. Bisher auf das äußerste beengt, steht ihnen nun neben einem eigenen Dienstraum ein gesonderter Aufenthalts- und Schlafraum zur Verfügung, und ein drittes Turmzimmer, das nötigenfalls eine weitere Übernachtungsmöglichkeit bietet,

Abb. 3. Der Gipfel der Villacher Alpe mit dem Sendeturm (Photo S. Schneeweiß).

dient der Aufbewahrung von Ausrüstungsgegenständen und der dienstlichen wie persönlichen Bevorratung. Nicht vergleichbar mit den früheren Zuständen sind natürlich die sanitären Anlagen und die hygienischen Bedingungen. Jeder Beobachter hat jetzt sein eigenes Bett, die warmen Mahlzeiten werden elektrisch zubereitet und die Lebensmittelvorräte können in einer Tiefkühltruhe aufbewahrt werden. Wesentlich erleichtert ist auch die Dienstablöse, da jetzt die rundfunkeigene Seilbahn benützt wird, während früher stundenlange Aufstiege von Bleiberg oder Heiligengeist notwendig waren, diese immer mit schweren Traglasten und termingebunden bei jedem Wetter.

Die Unterbringung der Station im Sendeturm des Österreichischen Rundfunks, dessen begehbare obere Plattform eine Seehöhe von 2168 m besitzt (Dobratschgipfel 2167 m), hat aber auch einige, zum Teil unerwartete Aspekte gezeitigt. In so exponierter Lage und häufig lebhaften bis stürmischen Winden ausgesetzt, schwankt der hohe Turm mitunter so merklich, daß auch das Stationsbarometer im vorletzten Stockwerk in leichte Schwingungen gerät. Die Barometerablesungen werden dadurch manchmal erheblich erschwert. Aber auch durch die Luftumwälzung der Klimaanlage, die in den Räumen meist einen leichten Über- oder Unterdruck erzeugt, gibt es störende Einflüsse, die sich auf die Luftdruckmessungen oder Registrierungen nachteilig auswirken. Davon abgesehen scheint überhaupt die Beheizungsfrage für ein so hohes Bauwerk im Gebirge wegen der niedrigeren Außentemperaturen und der stärkeren Winde technisch noch nicht vollkommen gelöst zu sein, denn sonst dürfte es nicht vorkommen, daß im Erdgeschoß Temperaturen bei 25 Grad auftreten, während es zur selben Zeit im 12. Stockwerk 5 Grad hat.

Im Winter zeigte es sich, daß die Bauvorschrift, die aus Sicherheitsgründen ein Öffnen der Gebäudetüren nach außen vorsieht, auch eine gegenteilige Wirkung haben kann. Als einmal nach einem schweren nächtlichen Schneesturm Unmengen von Schnee vor den Türen abgelagert wurden, waren die Beobachter im Bauwerk eingeschlossen. Einziger Fluchtweg wäre die Seilbahn nach Bleiberg gewesen, deren Betrieb aber wie überall nur unter normalen Wetterbedingungen zulässig ist. Gänzlich neue Gefahrenmomente haben sich für die Beobachter gelegentlich bei ihren Dienstgängen zu den Instrumenten ergeben. Im Winter, vor allem unter dem Einfluß der Sonnenbestrahlung und des Windes, lösen sich manchmal die Eisansätze von der den Turm mehr als 100 m hoch überragenden Stahlkonstruktion der Sendenadel, die dann begreiflicherweise mit vehementer Wucht in die Tiefe stürzen. Die Beobachter sind deshalb mit Schutzhelmen ausgestattet worden. Aber auch in der übrigen Jahreszeit bei gewittrigem oder schauerartigem Wettercharakter sind gegenüber früher neue Situationen entstanden. Seit der Errichtung des hohen Bauwerkes wurde ringsum im Gelände eine wesentlich größere Blitzschlagtätigkeit und ein manchmal unheimlich vermehrtes Elmsfeuer festgestellt. Unter diesen Umständen erscheint es verständlich, wenn mitunter eine Terminablesung nicht zeitgerecht erfolgt ist, weil es der Beobachter einfach nicht wagen konnte, den Weg zu den Instrumenten durch das Inferno anzutreten.

An der eigentlichen Aufstellung der Instrumente und Geräte im Freien hat sich durch die Übersiedlung in den Sendeturm nichts geändert. Es wird eine der Aufgaben der nächsten Zukunft sein, auch auf diesem Sektor Verbesserungen zu schaffen. Konkrete Pläne liegen bereits vor, so die Aufstellung eines neuen Windschreibers und eines Strahlungsmessers, und auch die Herstellung einer elektrischen Fernanzeige für die Temperatur und die relative Luftfeuchtigkeit wird geprüft.

Literatur

[1] A. Roschkott, Wien: Obir oder Villacher Alpe? XLIII. Jahresbericht des Sonnblick-Vereines für das Jahr 1934.

Klimatabellen österreichischer Höhenstationen für die Periode 1941—1970

Von Ferdinand Steinhauser, Wien

Mit 12 Tabellen

In Österreich gab es im Jahre 1970 32 meteorologische Stationen in Höhenlagen über 1300 m, die täglich Klimabeobachtungen um 7, 14 und 21 Uhr anstellten. Darunter sind ungefähr die Hälfte eigentliche Bergstationen und die Hälfte Stationen in hochgelegenen Tälern. Eine Übersicht über die an diesen Stationen gewonnenen Beobachtungsdaten wird jährlich in den Jahrbüchern der Zentralanstalt für Meteorologie und Geodynamik in Wien veröffentlicht. Die originalen Beobachtungsbogen werden im Archiv der Klimaabteilung der Zentralanstalt aufbewahrt. Die Bearbeitung und Veröffentlichung einer in Klimatabellen zusammengefaßten Übersicht über die aus den Durchschnittswerten und den Extremwerten einer längeren Beobachtungsperiode sich ergebenden klimatischen Verhältnisse an allen Stationen des Klimadienstes war bisher aus personellen und finanziellen Gründen nicht möglich. Da solche klimatologische Übersichten aber gerade aus dem Hochgebirge für praktische Zwecke insbesondere des Fremdenverkehrs, des Wintersports, der Touristik, des Gebirgsstraßenbaues, des Verkehrs, der Bautechnik und der Planung verschiedener Anlagen im Hochgebirge von großer Bedeutung sein können, sollen im nachstehenden Klimatabellen für die 30jährige Periode 1941—1970 von Bergstationen und einigen Talstationen aus Höhenlagen oberhalb 1300 m, die diese ganze Periode hindurch beobachtet haben, wiedergegeben werden.

Von folgenden 12 Stationen liegen, abgesehen von einzelnen ganz kurzen Unterbrechungen — meist zu Kriegsende oder bei Beobachterwechsel —, vollständige Beobachtungsreihen von 1941 bis 1970 vor: Stolzalpe 1305 m, Schöckl 1439 m, Kanzelhöhe 1500 m, Galtür 1583 m, Feuerkogel 1592 m, Hahnenkamm 1665 m, Hochserfaus 1815 m, Vent 1904 m, Schmittenhöhe 1964 m, Patscherkofel 2045 m, Villacher Alpe 2140 m und Sonnblick 3106 m. Die Stationen auf dem Patscherkofel und auf dem Hahnenkamm wurden gegen Ende der Periode verlegt. Die durch die Änderung der Höhenlage dieser Stationen bedingten geringfügigen Änderungen der Mitteltemperaturen wurden durch Reduktion auf die frühere Aufstellung berücksichtigt. Die Klimatabelle für die Villacher Alpe ist in der in diesem Jahresbericht des Sonnblick-Vereins für die Jahre 1970 und 1971 enthaltenen Arbeit von H. Troschl „Chronik der meteorologischen Station auf der Villacher Alpe, 2140 m", wiedergegeben und wird daher hier nicht wiederholt, wohl aber in die Besprechung miteinbezogen.

Die Klimatabellen enthalten Monats- und Jahresmittelwerte für den Tagesdurchschnitt und für die Beobachtungen zu den 7-, 14- und 21^h-Terminen, größte und kleinste Monats- und Jahreswerte für die Temperatur, die relative Feuchte, den Dampfdruck und die Bewölkung. Bei den größten und kleinsten Monats- und Jahresmittel der Temperatur ist auch jeweils das Jahr ihres Vorkommens angegeben. Von der Lufttemperatur werden auch die durchschnittlichen täglichen Maxima und Minima für jeden Monat und die Zahl der Frosttage und der Eistage für jeden Monat und für das Jahr angegeben. Zur Charakterisierung der Bewölkungsverhältnisse ist auch für jeden Monat und für das Jahr die Zahl der trüben Tage, der heiteren Tage und der Tage mit Nebel angeführt. Ferner enthalten die Tabellen auch die durchschnittlichen, die größten und die kleinsten Monats- und Jahressummen der Sonnenscheinstunden und für jeden Monat und für das Jahr auch die Werte der sogenannten relativen Sonnenscheindauer, die in Prozenten der mit Berücksichtigung der Horizontüberhöhung an den einzelnen Stationen effektiv möglichen Sonnenscheindauer ausgedrückt wird. Die Niederschlagsverhältnisse werden durch die durchschnittlichen, die größten und die kleinsten Monats- und Jahressummen der Niederschlagsmengen für jeden Monat und für das Jahr, durch die Mittelwerte und größten und kleinsten Werte der Zahl der Tage mit Niederschlag $\geq$ 0,1 mm, durch die Mittelwerte der Zahl der Tage mit $\geq$ 1,0 mm Niederschlag, durch die Zahl der Tage mit Schneefall, durch die Zahl der Tage mit Schneedecke und durch die Zahl der Tage mit Gewitter charakterisiert. Zur Beurteilung der Windverhältnisse enthalten die Klimatabellen Durchschnittswerte der Windgeschwindigkeiten in m/sec und der prozentuellen Häufigkeitsverteilungen der 8 Hauptwindrichtungen und der Windstillen für jeden Monat und für das Jahr.

Das Klima im Hochgebirge weist nicht nur durch die allgemeinen Änderungen klimatologischer Elemente mit der Höhe bedingte Unterschiede von der Niederung auf, die sich z. B. in einer Abnahme der Temperatur und des Luftdrucks mit der Höhe zeigen, sondern auch Unterschiede einzelner Hochgebirgslagen untereinander, die durch die lokalen orographischen Verhältnisse und auch durch die Lage der Höhenstation relativ zum gesamten Alpenmassiv gegeben sind und besonders durch die Stau- oder Leewirkung der vorherrschenden Windrichtung verursacht werden.

Was die Temperaturverhältnisse betrifft, so ergibt sich aus langjährigen Beobachtungen, daß im Durchschnitt von ganz Österreich die Temperatur in 1500 m Höhe in den einzelnen Monaten um folgende Beträge niedriger ist als in der Niederung von 200 m Seehöhe:

Jan.	Febr.	März	April	Mai	Juni	Juli	Aug.	Sept.	Okt.	Nov.	Dez.
3,1	4,3	6,2	7,4	7,9	8,1	7,7	6,9	6,2	4,8	4,3	4,0° C

Die Temperaturunterschiede zwischen 200 und 1500 m Höhe weisen einen auffallenden Jahresgang auf und sind im Jänner am kleinsten und im Juni am größten. Dies ist darin begründet, daß im Spätherbst und im Winter durch die nächtliche Ausstrahlung die bodennahen Luftschichten stark abgekühlt werden und sich häufig Inversionen bilden, während im Frühling und Sommer die wesentlich stärkere Einstrahlung den Boden und damit auch die unteren Luftschichten stark erwärmt und diese Erwärmung sich erst allmählich auf die höheren Luftschichten überträgt. Dies wirkt sich auch noch in den Höhenlagen oberhalb 1500 m aus, wo im Durchschnitt von ganz Österreich nach langjährigen Beobachtungen die Abnahme der Temperatur mit der Höhe pro 100 m folgende Jahresgänge aufweist:

Jan.	Febr.	März	April	Mai	Juni	Juli	Aug.	Sept.	Okt.	Nov.	Dez.
0,53	0,56	0,65	0,67	0,67	0,67	0,67	0,66	0,60	0,59	0,53	0,49° C/ 100 m

Die Abnahme der Temperatur mit der Höhe ist oberhalb 1500 m in den Monaten April bis Juli am größten und im Dezember am kleinsten.

Im Vergleich mit den dieser Temperaturabnahme mit der Höhe in verschiedenen

Höhenlagen entsprechenden Durchschnittswerten von ganz Österreich zeigt sich, daß auf der Stolzalpe die Temperatur in den Monaten April bis September etwas zu hoch, in den Monaten Oktober und November aber etwas zu tief ist. Auf dem Schöckl liegt die Temperatur in fast allen Monaten etwas unter dem österreichischen Durchschnitt dieser Höhenlage, auf der Kanzelhöhe liegt sie dagegen in fast allen Monaten über dem gesamtösterreichischen Durchschnitt, was dort durch die Südexposition dieser Station in einem sonnenscheinreichen Gebiet verursacht ist. In der Tallage von Galtür bleiben die Mitteltemperaturen in den Monaten des Winterhalbjahres zufolge der Ausbildung von Kaltluftseen am Talgrund unter dem gesamtösterreichischen Durchschnitt, steigen aber in den Monaten Mai bis Juli zufolge der stärkeren sommerlichen Erwärmung der Talluft über diesen Durchschnittswert, während auf dem fast gleichhoch gelegenen Feuerkogel die Temperaturmittel in den Monaten November bis Februar, den winterlichen Verhältnissen auf Gipfellagen entsprechend, über dem gesamtösterreichischen Durchschnitt, in den Frühlingsmonaten, einer stärkeren Bewölkung entsprechend, aber darunter liegen. Die Tallage von Galtür ist z. B. im Dezember um 2,0° kälter, im Juli aber um 0,9° wärmer als die Gipfellage des Feuerkogels. Auch in der Tallage von Vent ist es im Spätherbst und im Winter im Verhältnis zum gesamtösterreichischen Durchschnitt etwas zu kalt, im Spätfrühling und Sommer aber zu warm, während es auf der Hanglage von Hochserfaus in allen Monaten relativ zu warm ist. Auf der freien Gipfellage der Schmittenhöhe ist es trotz einer um 60 m größeren Höhenlage in den Monaten September bis Januar wärmer als in der Tallage von Vent, in den Monaten April bis Juli aber relativ kälter als in Vent.

Die in den Tab. 1 bis 11 angegebenen Monats- und Jahresmittelwerte der Temperatur stellen Durchschnittswerte der Zeit von 1941 bis 1970 dar, die in den einzelnen Jahren beträchtlich über- oder unterschritten werden können, wie die in den Tabellen ebenfalls angeführten höchsten und tiefsten Monats- und Jahresmittel dieser Periode zeigen. Diese Abweichungen von den Mittelwerten sind in den Wintermonaten bedeutend größer als in den Sommermonaten. Auch diese extremen Monats- und Jahresmittelwerte sind zum Teil in Jahren vor 1941 noch übertroffen worden.

Größere Monats- und Jahresmittel der Temperatur sind vor 1941 an den einzelnen Stationen seit Beginn ihrer Beobachtungen in folgenden Monaten und Jahren vorgekommen:

Stolzalpe ab 1921: 4,4° März 1938, 14,7° Juni 1938, 14,4° Sept. 1932, 4,4° Nov. 1926, 1,3° Dez. 1934, 6,3° Jahr 1934;
Schöckl ab 1929: 0,4° Jan. 1930, 4,3° Nov. 1938, 0,9° Dez. 1932, 5,1° Jahr 1934;
Kanzelhöhe ab 1929: 0,4° Jan. 1932, 4,1° März 1938, 14,1° Juni 1935, 16,2° Aug. 1932, 13,5° Sept. 1932, 4,3° Nov. 1938, 0,9° Dez. 1932;
Galtür ab 1896: −1,3° Jan. 1921, −0,3° Febr. 1926, 1,8° März 1938, 10,2° Mai 1920, 12,8° Juni 1930, 14,7° Juli 1928, 11,9° Sept. 1932, 2,5° Nov. 1926, −0,3° Dez. 1914;
Feuerkogel ab 1931: 0,7° Jan. 1932, 4,6° Nov. 1938, 1,2° Dez. 1934;
Hahnenkamm ab 1931: 0,5° Jan. 1932, 4,7° Nov. 1938, 1,8° Dez. 1932;
Hochserfaus ab 1927: −1,2° Jan. 1930, 13,8° Juli 1928, 2,6° Nov. 1938, −0,5° Dez. 1934;
Schmittenhöhe ab 1901: −1,3° Jan. 1932, 2,8° Nov. 1938, −0,1° Dez. 1932;
Patscherkofel 1931—1937: −1,5° Jan. 1932, 9,8° Juni 1935, −0,9° Dez. 1934;
Villacher-Alpe ab 1927: −3,4° Jan. 1932, 9,4° Juni 1931, 11,7° Aug. 1932, −2,4° Dez. 1934, 1,4° Jahr 1934;
Sonnblick ab 1887: −7,9° Jan. 1898, −7,7° Febr. 1914, 2,0° Juni 1931, 4,2° Juli 1928, −8,0° Dez. 1932, −4,7° Jahr 1920.

Kleinere Monats- und Jahresmittel als die in der Periode 1941—1970 in den Tab. 1 bis 11 angeführten tiefsten Mittelwerte sind vor 1941 in den einzelnen Stationen seit Beginn ihrer Beobachtungen in folgenden Monaten und Jahren vorgekommen:

Stolzalpe ab 1921: 8,7° Juni 1923, 10,3° Aug. 1924, 6,8° Sept. 1931, 2,3° Okt. 1936, −1,8° Nov. 1921;
Schöckl ab 1929: −1,4° April 1938, 7,7° Juni 1933, 9,4° Aug. 1940, 4,4° Sept. 1931, 0,2° Okt. 1936, −8,2° Dez. 1940;
Kanzelhöhe ab 1929: −4,0° März 1939, −0,2° April 1938, 8,4° Juni 1933, 5,8° Sept. 1931, 1,4° Okt. 1936, −7,5° Dez. 1940;
Galtür ab 1896: −1,5° April 1917, 2,6° Mai 1902, 6,1° Juni 1923, 7,6° Juli 1913, 7,4° Aug. 1896, 3,1° Sept. 1912, −1,4° Okt. 1905, −5,0° Nov. 1912;
Feuerkogel ab 1931: −3,7° April 1938, 7,9° Aug. 1940, 3,0° Sept. 1931, −0,9° Okt. 1936, −8,6° Dez. 1940;
Hahnenkamm ab 1931: −3,6° April 1938, 6,1° Juni 1933, 3,1° Sept. 1931, −0,5° Okt. 1936;
Hochserfaus ab 1927: −2,8° April 1938, 3,3° Sept. 1931, −0,4° Okt. 1936, −8,6° Dez. 1940;
Vent 1902−1905, 1910 und ab 1935: −3,5° April 1938, 1,1° Mai 1902, −3,4° Okt. 1905, −11,0° Dez. 1940;
Schmittenhöhe ab 1901: −5,4° April 1938, −1,3° Mai 1902, 2,5° Juni 1923, 5,1° Juli 1913, 5,2° Aug. 1924, −0,7° Sept. 1912, −4,8° Okt. 1905, −6,5° Nov. 1912, −10,0° Dez. 1906, −0,3° Jahr 1919;
Patscherkofel 1931−1937: 1,7° Sept. 1931, −2,2° Okt. 1936;
Villacher Alpe ab 1927: −5,5° April 1938, 3,6° Juni 1933, 5,9° Aug. 1940, 0,7° Sept. 1931, −2,7° Okt. 1936, −11,2° Dez. 1940;
Sonnblick ab 1887: −12,7° April 1938, −8,5° Mai 1902, −4,3° Juni 1923, −2,8° Juli 1913, −1,3° Aug. 1912, −7,1° Sept. 1912, −10,7° Okt. 1905, −13,0° Nov. 1912, −16,4° Dez. 1940, −7,8° Jahr 1909.

Aus diesen Extremwerten der bis zur Jahrhundertwende oder in das vorige Jahrhundert zurückreichenden Beobachtungsreihen und den in den Tab. 1 bis 11 angeführten extremen Monats- und Jahresmittelwerten ist ersichtlich, welche Monate und Jahre die seit 1887 im Hochgebirge der Ostalpen bisher wärmsten und kältesten Monate und Jahre gewesen sind.

Wie weit auch die extremsten Monatsmittelwerte an einzelnen Tagen über- oder unterschritten werden können, zeigen die in den Tab. 1 bis 11 angeführten in den Jahren 1941—1970 beobachteten absoluten Maxima und Minima der Temperatur in den einzelnen Monaten. Die Differenz zwischen diesen Maxima und Minima gibt die in dieser Periode in den einzelnen Monaten vorgekommene absolute Schwankungsweite der Temperatur an.

Gegenüber diesen meist nur einmal vorgekommenen Extremwerten interessieren aber die Extremwerte mehr, mit denen man im Durchschnitt rechnen muß. Diese sind durch die durchschnittlichen Monats- und Jahresmaxima und Minima gegeben, die dadurch bestimmt werden, daß für jeden Monat Mittelwerte der in jedem Jahr in diesem Monat beobachteten Höchstwerte bzw. Tiefstwerte der Temperatur berechnet werden. In der folgenden Zusammenstellung sind für die 12 in Betracht gezogenen Stationen die durchschnittlichen Monats- und Jahresmaxima und Minima der Periode 1941—1970 wiedergegeben:

	Jan.	Febr.	März	April	Mai	Juni	Juli	Aug.	Sept.	Okt.	Nov.	Dez.	Jahr
Stolzalpe, 1305 m													
d. Maxima	8,8	10,9	15,4	19,3	23,4	26,1	28,2	27,4	24,7	20,6	14,3	8,5	29,3° C
d. Minima	−15,5	−13,6	−10,7	−5,6	−1,9	2,2	4,4	4,3	0,7	−3,9	−9,0	−13,2	−17,0° C
Schöckl, 1439 m													
d. Maxima	7,4	7,6	10,1	14,4	18,0	20,8	22,2	22,2	20,2	16,4	11,9	8,1	23,6° C
d. Minima	−15,7	−14,3	−12,4	−7,2	−3,2	1,6	3,5	3,5	0,8	−4,6	−9,4	−12,8	−17,6° C
Kanzelhöhe, 1500 m													
d. Maxima	7,2	8,6	10,9	15,5	19,4	22,6	24,6	23,6	21,2	16,9	11,2	8,8	25,1° C
d. Minima	−14,4	−13,2	−11,0	−6,3	−2,6	1,7	3,5	3,7	1,1	−3,9	−8,4	−12,1	−16,3° C
Galtür, 1583 m													
d. Maxima	5,5	6,9	9,5	13,3	20,0	23,3	25,8	25,4	22,8	18,5	11,0	6,9	26,4° C
d. Minima	−20,9	−18,6	−16,4	−10,0	−5,3	−0,4	1,3	0,6	−2,2	−8,3	−13,5	−18,4	−23,9° C

	Jan.	Febr.	März	April	Mai	Juni	Juli	Aug.	Sept.	Okt.	Nov.	Dez.	Jahr
Feuerkogel, 1592 m													
d. Maxima	6,7	7,1	9,4	13,2	17,8	20,8	22,6	22,4	20,0	16,6	12,1	7,9	24,0° C
d. Minima	−16,3	−14,9	−12,1	−8,6	−4,7	−0,5	1,9	2,1	−0,5	−5,4	−9,9	−13,7	−18,7° C
Hahnenkamm, 1665 m													
d. Maxima	7,8	8,5	10,3	13,7	18,1	20,9	23,1	23,1	20,5	16,7	12,2	9,5	24,5° C
d. Minima	−15,8	−15,1	−12,3	−8,5	−4,6	−0,4	1,3	1,5	−0,6	−5,1	−9,7	−13,9	−18,3° C
Hochserfaus, 1815 m													
d. Maxima	7,9	8,5	10,1	12,7	17,8	21,1	23,4	22,9	20,5	16,7	11,6	8,9	24,2° C
d. Minima	−18,1	−16,6	−13,9	−9,7	−5,9	−1,0	1,2	1,2	−1,4	−6,6	−11,3	−15,8	−20,2° C
Vent, 1904 m													
d. Maxima	5,5	6,2	9,3	12,5	16,9	20,9	23,1	22,0	19,8	16,3	9,2	5,7	23,6° C
d. Minima	−20,4	−18,9	−16,1	−11,0	−6,1	−1,3	0,5	0,5	−2,1	−7,7	−12,9	−18,3	−22,9° C
Schmittenhöhe, 1964 m													
d. Maxima	6,2	6,2	7,8	10,6	15,8	18,8	21,1	21,0	18,5	15,2	10,2	7,3	22,2° C
d. Minima	−18,0	−17,4	−14,8	−10,7	−6,7	−2,1	−0,4	−0,1	−2,3	−7,3	−11,4	−15,9	−20,6° C
Patscherkofel, 2045 m													
d. Maxima	4,1	4,6	6,1	9,2	14,8	18,3	20,3	20,0	20,5	15,4	8,2	5,8	22,7° C
d. Minima	−18,0	−16,9	−14,7	−11,1	−6,8	−2,4	−0,2	−0,2	−2,2	−8,3	−11,7	−16,2	−21,0° C
Villacher Alpe, 2135 m													
d. Maxima	2,9	2,8	4,5	7,3	12,0	15,7	17,6	17,3	14,8	11,5	6,4	3,9	18,6° C
d. Minima	−18,6	−17,7	−15,6	−11,5	−7,3	−2,5	−0,6	−0,4	−3,2	−8,4	−12,5	−16,4	−21,2° C
Sonnblick, 3106 m													
d. Maxima	−3,4	−3,6	−2,0	0,4	4,2	7,8	10,3	9,8	7,5	4,8	0,6	−2,1	11,3° C
d. Minima	−25,7	−24,4	−22,3	−18,6	−14,0	−9,1	−6,9	−6,9	−9,6	−14,2	−19,0	−23,2	−28,3° C

Daraus ist ersichtlich, daß die Schwankungsweiten zwischen durchschnittlichen Monatsmaxima und durchschnittlichen Monatsminima der Temperatur sehr beträchtlich sind, in den Sommermonaten nur um wenige Grad kleiner sind als in Wintermonaten und keine regelmäßige Abhängigkeit von der Höhenlage der Station erkennen lassen.

Zur weiteren Charakterisierung der Temperaturverhältnisse sind in den Tab. 1 bis 11 durchschnittliche tägliche Temperaturmaxima und Temperaturminima für die einzelnen Monate wiedergegeben. Aus den Differenzen dieser beiden durchschnittlichen Extremwerte ergeben sich die durchschnittlichen Tagesschwankungen. Diese sind zum Unterschied von den durchschnittlichen monatlichen Temperaturschwankungen in den Sommermonaten größer als in den Wintermonaten. Sie sind in Tallagen größer als auf Gipfellagen und in den höchsten Gebirgslagen kleiner als in mittleren Hochgebirgslagen.

Der Charakter der Witterung im Hochgebirge wird im besondern durch die Bewölkungsverhältnisse beurteilt, die in den Tab. 1 bis 11 durch die durchschnittlichen Tagesmittel der Bewölkung in den einzelnen Monaten und die in der Periode 1941—1970 vorgekommenen extremen Werte der Monatsmittel, in ihren tageszeitlichen Änderungen durch die Mittelwerte der Beobachtungstermine um 7, 14 und 21 Uhr beschrieben werden.

Der Jahresgang der Tagesmittel der Bewölkung zeigt an allen Höhenstationen der Nord- und Zentralalpen einen sehr ähnlichen Verlauf mit einem deutlichen Maximum im Juni und zum Teil auch schon im Mai und einem sehr ausgeprägten Minimum im Oktober. Das Bewölkungsmaximum im Spätfrühling und zum Sommerbeginn ist vorwiegend dadurch verursacht, daß die zunehmende Sonnenstrahlung in dieser Jahreszeit eine Aufheizung der Atmosphäre vom Boden her bewirkt und damit die Entwicklung aufsteigender Luftmassen und einer thermischen Konvektion begünstigt, was zur vermehrten Wolkenbildung führt. Im weiteren Jahresverlauf mit abklingender Sonnenstrahlung wird die auch in höheren Lagen bereits erwärmte Atmosphäre wieder immer mehr stabilisiert, was eine allmähliche Abnahme der Bewölkung zur Folge hat, die im Oktober ihr Minimum erreicht. Dieser Monat weist demnach im Hochgebirge der Nord- und Zentralalpen das schönste Wetter auf, was auch dadurch bestätigt wird, daß auch der Jahresgang der Monatsmittelwerte der relativen Sonnenscheindauer, die ebenfalls den Tabellen zu entnehmen sind, im Oktober sein Maximum erreicht. Im November nimmt die Bewölkung zufolge der häufigeren Ausbildung stationärer Schichtwolkenfelder in der stabilisierteren Atmosphäre wieder zu, weist nach einem schwachen Rückgang im Dezember im Januar wieder ähnliche Mittelwerte wie im November auf und bleibt den ganzen Winter über unter dem höheren Bewölkungsgrad in den Monaten April bis Juli. Die Bewölkungsverhältnisse des Hochgebirges unterscheiden sich damit sehr stark von den Bewölkungsverhältnissen der außeralpinen Niederungen, wo im Spätherbst und im Winter zufolge häufiger oft langandauernder Nebel- oder Hochnebeldecken im Jahresgang der Bewölkung die Mittelwerte ihre Höchstwerte erreichen, während in den Sommermonaten dort die Bewölkungsmittel wesentlich niedriger sind.

Während die Jahresgänge an allen Höhenstationen der Nord- und Zentralalpen einen ähnlichen Verlauf zeigen, weist der Bewölkungsgrad in den verschiedenen Gebieten doch deutliche Unterschiede auf. In den Randlagen führt die Stauwirkung der gegen das Gebirge strömenden Winde zur Vermehrung der Bewölkung, was sich an den Beobachtungen auf dem Feuerkogel, auf dem Hahnenkamm und auf der Schmittenhöhe zeigt. Dagegen sind die inneralpinen Gebiete von den Tiroler Zentralalpen westlich der Brennerlinie angefangen über die Ötztaler Alpen, das oberste Inntal bis in das Gebiet um das Paznauntal wieder ärmer an Bewölkung und reicher an Sonnenschein. Die höchsten Berggipfel stecken naturgemäß häufiger in Wolken als niedrigere Berge und weisen demnach auch größere Bewölkungswerte auf, besonders dort, wo der Zentralalpenkamm einer von Norden und einer von Süden kommenden Stauwirkung ausgesetzt ist, wie es beim Gebirgszug der Hohen Tauern im Bereich des Sonnblicks der Fall ist.

Auf den Höhen der Südalpen erreicht der Jahresgang der Bewölkung bereits im Mai sein Maximum und sein Minimum schon im September. In den Sommermonaten Juli und August ist die Bewölkung dort geringer und die relative Sonnenscheindauer größer als in den Randgebieten der Nordalpen, weil im Sommer das Südalpengebiet unter dem Einfluß des subtropischen Hochdruckgürtels steht und dadurch in dieser Jahreszeit auch in den Hochlagen besonders wetterbegünstigt ist. Im Oktober und November wirkt sich das Übergreifen der oberitalienischen Herbstregen auf das Südalpengebiet in einer Vermehrung der Bewölkung aus. Nach dem sekundären Bewölkungsmaximum im November nimmt die Bewölkung zum Dezember hin dort stärker ab als im Nordalpengebiet.

Von allgemeinem Interesse im besonderen auch für den Touristen sind die Niederschlagsverhältnisse. In den Tab. 1 bis 11 sind diese durch Angaben über die durchschnittlichen, die größten und die kleinsten Monats- und Jahressummen des Niederschlags, über die durchschnittliche, die größte und die kleinste Zahl von Tagen mit Niederschlag in jedem Monat und über die durchschnittliche Zahl der Tage mit Schneefall, der Tage mit Schneedecke und der Gewittertage beschrieben.

Was die Niederschlagsmengen betrifft, muß darauf hingewiesen werden, daß ihre Messung auf hohen Gebirgsgipfeln mit Schwierigkeiten verbunden ist, da in großen Höhen die meisten Niederschläge als Schnee fallen und Schnee durch den Wind leicht über den Niederschlagsmesser hinweggetragen oder aus dem Niederschlagsmesser wieder herausgeweht werden kann. Dies gilt besonders für die Niederschläge auf dem gerade bei Niederschlägen meist sturmumbrausten Gipfel des Hohen Sonnblick, weshalb die dort mit dem

Ombrometer gemessenen Niederschlagsmengen als verfälscht und zu gering bewertet werden müssen. Dies wird durch Vergleichsmessungen mit einem Totalisator, in dem der Schnee in einer Chlorkalziumlösung gelöst wird und daher ein Herauswehen unmöglich gemacht wird, bestätigt. Die in der Zeit von 1934 bis 1959 mit dem Totalisator gemessenen durchschnittlichen Niederschlagsmengen, die den wahren Niederschlagsverhältnissen entsprechen dürften, betragen in den einzelnen Monaten und in der durchschnittlichen Jahressumme nach einer Zusammenstellung von M. Roller im 54.—57. Jahresbericht des Sonnblick-Vereins:

Jan.	Febr.	März	April	Mai	Juni	Juli	Aug.	Sept.	Okt.	Nov.	Dez.	Jahr
194	201	206	212	209	235	270	247	193	185	153	202	2507 mm

Daraus ergibt sich, daß die mit dem Ombrometer auf dem Sonnblickgipfel gemessenen Niederschlagsmengen viel zu klein sind. Auf den niedrigeren Bergen und in den Hochgebirgstälern sind Fehler, wie Vergleichsmessungen ergeben haben, bedeutend kleiner, und diese Niederschlagsmengen kommen dort den wirklichen Werten viel näher.

Auch für die in den Tabellen enthaltenen Extremwerte der Monats- und Jahressummen des Niederschlags gilt dasselbe wie für die extremen Monats- und Jahresmittelwerte der Temperatur, nämlich daß diese in der Periode 1941 bis 1970 aufgetretenen Extremwerte in früheren Zeiten zum Teil überschritten oder unterboten worden sind.

Größere Monats- und Jahressummen des Niederschlags als in der Periode 1941 bis 1970 sind vor 1941 an den einzelnen Stationen seit Beginn ihrer Beobachtungen an folgenden Monaten und Jahren vorgekommen:

Stolzalpe ab 1921: 126 mm Febr. 1935, 144 mm März 1927, 134 mm April 1922, 171 mm Mai 1936, 151 mm Nov. 1926;

Schöckl 1901—1906 und ab 1928: 176 mm April 1907, 253 mm Mai 1936, 289 mm Juni 1937, 256 mm Sept. 1901, 1328 mm Jahr 1937;

Kanzelhöhe ab 1928: 180 mm Febr. 1931, 201 mm März 1937, 180 mm April 1936, 263 mm Sept. 1937, 327 mm Okt. 1933, 1634 mm Jahr 1937;

Galtür ab 1896: 315 mm Febr. 1940, 155 mm März 1914, 191 mm Mai 1912, 232 mm Juni 1910, 236 mm Juli 1931, 252 mm Aug. 1925, 223 mm Sept. 1927, 197 mm Okt. 1935, 190 mm Nov. 1939, 319 mm Dez. 1918, 1221 mm Jahr 1910;

Feuerkogel ab 1929: 605 mm Febr. 1935, 327 mm Mai 1940, 314 mm Sept. 1931, 438 mm Okt. 1936, 379 mm Dez. 1940;

Hahnenkamm ab 1929: 317 mm Aug. 1930;

Hochserfaus ab 1927: 210 mm Febr. 1935;

Vent 1901—1926 und ab 1931: 132 mm März 1904, 177 mm April 1917, 142 mm Mai 1926, 175 mm Juni 1910, 163 mm Juli 1910, 212 mm Aug. 1905, 171 mm Okt. 1907, 143 mm Nov. 1916, 124 mm Dez. 1923, 894 mm Jahr 1916;

Schmittenhöhe 1901—1927 und ab 1930: 378 mm Jan. 1921, 319 mm März 1914, 432 mm April 1917, 350 mm Juni 1924, 367 mm Juli 1924, 202 mm Sept. 1912, 318 mm Nov. 1913, 325 mm Dez. 1913, 2211 mm Jahr 1910;

Villacher Alpe ab 1925: 283 mm März 1937, 278 mm Aug. 1934;

Sonnblick ab 1891: 243 mm Febr. 1892, 349 mm März 1895, 302 mm April 1899, 256 mm Juni 1923, 342 mm Juli 1891, 213 mm Sept. 1906, 370 mm Okt. 1896, 318 mm Dez. 1895.

Kleinere Monats- und Jahresmittelwerte des Niederschlags als in dem Zeitabschnitt von 1941 bis 1970 sind vor 1941 an den einzelnen Stationen seit Beginn ihrer Beobachtungen in folgenden Monaten bzw. Jahren vorgekommen:

Stolzalpe ab 1921: 2 mm Febr. 1939, 0 mm März 1936 und Dez. 1932, 29 mm Juni 1935, 42 mm Juli 1932, 9 mm Sept. 1932, 1 mm Nov. 1924, 575 mm Jahr 1932;

Schöckl 1901—1907 und ab 1928: 3 mm Febr. 1903, 2 mm Febr. 1929, 51 mm Juli 1935, 11 mm Sept. 1929, 7 mm Nov. 1939 und Dez. 1932, 826 mm Jahr 1929;

Tabelle I   Klimatabelle der Station STOLZALPE, 1305 m (1941 - 1970)

Lufttemperatur, °C	Jan.	Febr.	März	April	Mai	Juni	Juli	Aug.	Sept.	Okt.	Nov.	Dez.	Jahr
Mittel	-4.2	-2.6	0.6	4.7	8.8	12.2	13.9	13.5	11.0	6.4	1.0	-2.5	5.2
7 Uhr	-6.2	-5.1	-2.5	1.5	5.6	9.1	10.6	10.1	7.6	3.4	-0.8	-4.2	2.4
14 Uhr	-0.8	1.4	5.0	9.0	13.1	16.5	18.6	18.2	16.2	11.3	4.2	0.2	9.4
21 Uhr	-4.8	-3.3	-0.2	4.1	8.2	11.7	13.2	12.8	10.2	5.4	0.2	-3.2	4.5
Höchstes Monats- und Jahresmittel	-0.3	2.6	3.8	7.8	13.0	14.2	16.0	15.9	14.0	8.7	3.6	0.5	6.1
Jahr	1944	1966	1957	1961	1958	1964	1952	1943	1961	1942	1963	1951	1945 1961
Tiefstes Monats- und Jahresmittel	-8.8	-10.6	-3.4	0.8	5.7	9.9	11.1	11.6	7.5	3.4	-1.7	-6.2	4.1
Jahr	1942	1956	1958	1970	1957	1962	1954	1969	1952	1964	1941	1969	1956 1962
Absolutes Maximum	13.3	17.2	19.6	27.0	29.6	30.1	33.2	30.6	29.9	25.0	19.0	14.2	33.2
Jahr	1948	1960	1955	1968	1969	1950	1957	1952	1947	1942	1970	1953	1957
Absolutes Minimum	-25.0	-20.8	-16.4	-10.2	-6.9	-0.5	0.2	2.1	-3.0	-11.1	-13.7	-20.7	-25.0
Jahr	1947	1956	1963	1956	1942	1953	1970	1961	1942 1964	1946	1956	1946	1947
Durchschnittliches tägliches Maximum	0.4	2.5	6.4	10.6	14.9	18.4	20.5	20.1	17.7	12.5	5.3	1.1	
Durchschnittliches tägliches Minimum	-7.4	-6.3	-3.5	0.6	4.4	7.8	9.4	9.1	6.8	2.5	-1.8	-5.6	
Frosttage (Minimum ≤ 0°)	30.0	26.0	24.8	12.6	2.6	0.1	0.0	0.0	0.5	7.9	20.8	28.3	153.6
Eistage (Maximum ≤ 0°)	14.8	9.1	4.2	0.3	0.0	0.0	0.0	0.0	0.0	0.1	3.8	12.1	44.4

Relative Luftfeuchtigkeit, %	Jan.	Febr.	März	April	Mai	Juni	Juli	Aug.	Sept.	Okt.	Nov.	Dez.	Jahr
Tagesmittel	71	70	68	68	70	71	73	76	76	75	78	75	73
7 Uhr	76	78	79	80	82	83	85	88	87	85	83	80	82
14 Uhr	63	60	54	55	57	58	59	61	61	61	69	67	60
21 Uhr	73	73	71	70	72	73	75	79	80	80	81	77	75
Größtes Monats- und Jahresmittel	84	83	81	75	81	81	80	82	82	90	90	85	76
Kleinstes Monats- und Jahresmittel	57	55	57	57	59	65	65	69	69	62	65	60	69

Dampfdruck, mm Hg.	Jan.	Febr.	März	April	Mai	Juni	Juli	Aug.	Sept.	Okt.	Nov.	Dez.	Jahr
Tagesmittel	2.5	2.9	3.4	4.5	6.0	7.7	8.7	8.7	7.7	5.6	4.0	3.0	5.4
7 Uhr	2.4	2.7	3.1	4.2	5.7	7.4	8.2	8.2	7.1	5.1	3.8	2.9	5.1
14 Uhr	2.7	3.1	3.6	4.8	6.4	8.2	9.3	9.4	8.3	6.1	4.3	3.2	5.8
21 Uhr	2.5	2.8	3.3	4.5	6.0	7.6	8.6	8.7	7.7	5.6	3.9	2.9	5.3
Größtes Monats- und Jahresmittel	3.7	3.7	4.5	6.0	7.5	9.1	9.9	9.6	9.1	6.9	5.0	3.9	5.9
Kleinstes Monats- und Jahresmittel	1.9	2.0	2.4	3.6	4.5	6.6	7.4	7.7	6.4	4.7	3.1	2.1	4.8

Bewölkung (Zehntel der Himmelsfläche)	Jan.	Febr.	März	April	Mai	Juni	Juli	Aug.	Sept.	Okt.	Nov.	Dez.	Jahr
Tagesmittel	5.3	5.6	5.8	6.0	6.2	6.2	5.8	5.5	5.2	5.1	6.1	5.6	5.7
7 Uhr	5.5	6.0	6.0	6.0	5.8	5.6	5.3	5.3	5.6	5.7	6.6	5.8	5.8
14 Uhr	5.5	5.8	6.1	6.6	6.9	6.8	6.4	6.1	5.3	5.2	6.2	5.8	6.1
21 Uhr	5.0	4.9	5.3	5.5	5.9	6.1	5.8	5.2	4.7	4.5	5.7	5.2	5.3
Größtes Monats- und Jahresmittel	7.5	9.3	8.2	7.6	8.5	7.8	7.5	7.2	7.4	7.6	8.2	7.6	7.1
Kleinstes Monats- und Jahresmittel	1.4	2.0	2.9	4.7	4.0	4.5	4.0	4.4	3.2	2.1	3.3	3.9	4.9
Trübe Tage (Bewölkung ≥ 8)	8.3	8.2	9.9	9.2	9.1	8.0	7.6	6.9	6.5	8.5	11.9	9.8	103.9
Maximum	22	24	19	14	24	16	17	14	13	18	22	19	170
Minimum	0	2	3	2	1	1	2	1	2	3	4	6	71
Heitere Tage (Bewölkung ≤ 2)	7.2	5.3	5.7	3.7	2.4	2.2	3.3	4.1	5.5	7.3	4.5	6.1	57.3
Maximum	22	14	16	11	8	7	8	9	11	16	18	12	85
Minimum	1	0	1	0	0	0	0	0	1	0	0	0	32
Tage mit Nebel	4.9	4.5	6.5	4.6	4.2	4.3	4.9	5.4	6.3	7.3	7.7	6.2	66.8

Sonnenschein	Jan.	Febr.	März	April	Mai	Juni	Juli	Aug.	Sept.	Okt.	Nov.	Dez.	Jahr
Stunden	107	120	148	159	174	172	201	192	172	149	94	87	1777
Maximum	214	210	238	217	232	213	262	237	236	234	142	143	1965
Minimum	60	68	80	115	126	132	157	150	106	62	43	47	1569
Effektiv mögliche Dauer, %	49	52	47	46	45	45	52	53	55	56	42	41	49

Niederschlag, mm	Jan.	Febr.	März	April	Mai	Juni	Juli	Aug.	Sept.	Okt.	Nov.	Dez.	Jahr
Mittel	34	38	39	53	83	129	142	131	83	63	60	48	916
Maximum	79	61	97	122	146	246	228	299	197	211	128	164	1123
Jahr	1954	1952	1970	1950	1944	1959	1960	1966	1969	1964	1951	1947	1954
Minimum	0	4	8	4	6	42	58	37	12	0	9	8	704
Jahr	1964	1949	1950	1947	1958	1941	1955	1951	1947	1965	1941	1948	1961
Tage mit Niederschlag ≥ 0.1 mm	9.2	9.8	9.6	11.4	14.3	16.4	15.8	15.2	11.4	9.6	10.4	9.6	142.7
Maximum	18	16	18	17	21	21	21	22	18	19	18	17	168
Minimum	1	4	4	2	4	11	11	6	5	0	2	4	116
Tage mit Niederschlag ≥ 1.0 mm	6.6	6.6	6.4	8.1	11.0	13.2	13.1	12.5	8.7	7.2	7.5	7.1	108.0
Tage mit Schneefall	8.2	8.4	5.8	3.0	0.6	0	0	0	1.3	3.9	6.8	38.0	
Tage mit Schneedecke	28.3	26.3	19.7	5.4	0.7	0.1	0	0	0	2.1	9.2	19.3	111.1
Tage mit Gewitter	0	0.0	0.0	0.6	2.4	5.1	6.4	4.5	2.0	0.1	0.0	0	21.1

Häufigkeit der Windrichtungen, %	Jan.	Febr.	März	April	Mai	Juni	Juli	Aug.	Sept.	Okt.	Nov.	Dez.	Jahr
N	11	11	9	9	9	11	12	10	11	11	9	11	11
NE	3	3	4	5	5	5	4	6	5	5	4	2	3
E	5	6	8	8	7	7	7	9	7	5	6	4	7
SE	6	8	11	10	12	11	11	11	11	14	12	8	8
S	9	9	10	9	11	11	11	11	10	9	9	10	11
SW	6	6	6	7	7	7	6	7	7	6	7	6	5
W	34	32	27	29	27	28	26	26	23	26	32	35	35
NW	22	20	20	19	17	15	17	16	18	21	18	21	14
Windstille	4	4	5	4	5	5	6	6	5	5	7	5	6
Mittlere Windgeschwindigkeit, m/sec	1.7	1.9	1.9	1.95	1.8	1.8	1.75	1.7	1.6	1.6	1.6	1.7	1.8

Tabelle II   Klimatabelle der Station SCHÖCKL, 1439 m (1941 - 1970)

Lufttemperatur, °C	Jan.	Febr.	März	April	Mai	Juni	Juli	Aug.	Sept.	Okt.	Nov.	Dez.	Jahr
Mittel	-5.0	-4.3	-1.7	2.9	6.9	10.4	12.2	12.0	9.5	5.0	0.2	-3.0	3.8
7 Uhr	-5.5	-5.1	-2.9	1.6	5.8	9.5	11.2	11.1	8.5	4.3	-0.3	-3.5	2.9
14 Uhr	-3.7	-2.6	0.3	5.2	9.1	12.4	14.2	14.1	11.5	6.9	1.6	-1.9	5.6
21 Uhr	-5.3	-4.7	-2.1	2.5	6.5	9.9	11.6	11.5	9.0	4.5	-0.2	-3.3	3.3
Höchstes Monats- und Jahresmittel	-1.2	1.8	2.2	6.4	11.3	13.6	14.9	14.5	12.8	8.2	4.0	0.3	5.0
Jahr	1948	1966	1957	1961	1958	1964	1950	1952	1947/1961	1967	1963	1951	1961
Tiefstes Monats- und Jahresmittel	-11.1	-12.8	-5.8	-0.3	3.9	8.3	10.2	9.7	6.3	1.5	-3.3	-7.8	2.5
Jahr	1963	1956	1958	1958	1957	1962	1954	1965	1952	1946	1956	1969	1956
Absolutes Maximum	11.5	14.0	17.9	20.1	23.9	26.0	28.0	26.9	24.5	20.3	17.0	15.1	28.0
Jahr	1947	1960	1955	1947	1944	1950	1950	1947	1947	1948	1968	1948	1950
Absolutes Minimum	-24.8	-23.5	-17.9	-12.2	-8.0	-2.4	0.7	0.0	-3.5	-11.2	-14.8	-20.6	-24.8
Jahr	1947	1956	1949	1956	1953	1962	1970	1949	1954	1946	1957	1962	1947
Durchschnittliches tägliches Maximum	-2.0	-1.2	1.6	6.5	10.6	14.0	15.9	15.7	13.1	8.6	3.2	-0.4	
Durchschnittliches tägliches Minimum	-7.4	-6.9	-4.5	0.0	3.7	7.4	9.1	9.1	6.8	2.7	-1.9	-5.4	
Frosttage (Minimum ≦ 0°)	28.7	25.2	24.7	14.2	4.7	0.3	0.0	0.0	0.5	8.2	19.5	26.3	152.3
Eistage (Maximum ≦ 0°)	18.8	16.3	11.7	2.8	0.1	0.0	0.0	0.0	0.0	1.3	7.4	15.8	74.2

Relative Luftfeuchtigkeit, %	Jan.	Febr.	März	April	Mai	Juni	Juli	Aug.	Sept.	Okt.	Nov.	Dez.	Jahr
Tagesmittel	77	79	78	77	78	79	79	80	81	79	80	78	79
7 Uhr	78	80	80	80	79	80	79	80	80	78	82	79	80
14 Uhr	75	75	74	71	73	76	76	76	79	76	78	75	75
21 Uhr	79	81	81	79	80	82	82	83	84	82	82	79	81
Größtes Monats- und Jahresmittel	94	94	90	87	86	88	89	90	92	91	91	90	83
Kleinstes Monats- und Jahresmittel	64	54	64	65	65	67	70	70	60	65	62	62	71

Dampfdruck, mm Hg.	Jan.	Febr.	März	April	Mai	Juni	Juli	Aug.	Sept.	Okt.	Nov.	Dez.	Jahr
Tagesmittel	2.5	2.7	3.3	4.4	5.9	7.7	8.7	8.6	7.4	5.3	3.8	2.9	5.3
7 Uhr	2.5	2.6	3.1	4.1	5.6	7.2	8.0	8.0	6.8	4.9	3.7	2.8	4.9
14 Uhr	2.6	2.9	3.5	4.7	6.4	8.3	9.3	9.3	8.0	5.8	4.0	3.0	5.7
21 Uhr	2.5	2.7	3.3	4.4	6.0	7.7	8.6	8.6	7.4	5.3	3.8	2.9	5.3
Größtes Monats- und Jahresmittel	4.1	3.9	4.5	5.7	6.8	9.3	10.5	10.0	8.8	7.0	4.9	3.6	5.6
Kleinstes Monats- und Jahresmittel	1.6	1.4	2.6	3.2	4.7	6.0	7.5	7.1	5.9	4.2	3.2	2.1	4.6

Bewölkung (Zehntel der Himmelsfläche)	Jan.	Febr.	März	April	Mai	Juni	Juli	Aug.	Sept.	Okt.	Nov.	Dez.	Jahr
Tagesmittel	5.6	5.9	6.1	6.2	6.2	6.3	5.7	5.4	5.5	5.6	6.3	5.8	5.9
7 Uhr	5.7	6.0	6.1	6.0	5.9	5.6	5.0	4.8	5.1	5.6	6.4	5.9	5.7
14 Uhr	5.8	6.1	6.3	6.6	6.9	6.8	6.4	6.0	5.9	6.0	6.4	6.0	6.3
21 Uhr	5.4	5.7	5.9	5.9	6.0	6.3	5.8	5.4	5.3	5.4	6.0	5.6	5.7
Größtes Monats- und Jahresmittel	7.1	9.0	8.1	8.0	7.6	8.1	7.6	7.2	7.3	7.9	8.0	.5	6.9
Kleinstes Monats- und Jahresmittel	2.6	2.4	3.3	3.5	3.7	3.8	4.3	3.8	2.9	3.6	3.5	4.1	5.1
Trübe Tage (Bewölkung ≧ 8)	8.6	8.3	10.3	9.0	9.2	8.5	6.7	6.0	7.4	9.3	10.2	8.9	102.4
Maximum	16	22	20	17	19	14	15	12	18	18	18	16	142
Minimum	3	0	1	1	0	2	1	1	1	2	2	3	63
Heitere Tage (Bewölkung ≦ 2)	5.1	4.0	3.8	2.9	1.9	2.0	3.2	4.3	5.1	6.2	3.2	5.0	46.7
Maximum	18	15	12	10	7	6	8	11	16	12	11	17	74
Minimum	1	0	0	0	0	0	0	0	0	1	0	0	22
Tage mit Nebel	9.8	11.1	11.8	9.4	9.7	9.4	8.0	8.7	12.2	13.3	13.4	11.2	128.0

Sonnenschein	Jan.	Febr.	März	April	Mai	Juni	Juli	Aug.	Sept.	Okt.	Nov.	Dez.	Jahr
Stunden	105	108	134	146	171	166	198	186	155	138	93	94	1694
Maximum	158	219	252	221	266	236	260	265	275	205	155	127	2080
Minimum	55	54	73	75	113	121	140	102	76	57	37	40	1301
Effektiv mögliche Dauer, %	47	50	50	45	44	44	50	50	57	55	42	43	48

Niederschlag, mm	Jan.	Febr.	März	April	Mai	Juni	Juli	Aug.	Sept.	Okt.	Nov.	Dez.	Jahr
Mittel	42	42	49	66	106	149	159	136	89	67	67	56	1060
Maximum	157	190	115	149	180	262	284	251	163	180	146	147	1303
Jahr	1948	1947	1970	1950	1954	1944	1957	1963	1952	1964	1949	1946	1944
Minimum	1	7	13	7	30	34	62	25	17	1	11	10	863
Jahr	1964	1949	1961	1955	1950	1949	1950	1947	1956	1965	1953	1953	1967
Tage mit Niederschlag ≧ 0.1 mm	9.0	9.1	9.7	10.9	13.8	15.0	15.0	12.4	10.6	9.2	9.2	9.4	133.3
Maximum	15	17	17	21	18	22	20	21	19	18	17	17	156
Minimum	3	2	3	5	5	9	8	6	3	3	2	3	107
Tage mit Niederschlag ≧ 1.0 mm	7.0	7.2	7.3	8.7	11.9	13.4	12.6	10.9	9.0	7.7	7.9	7.8	111.4
Tage mit Schneefall	8.6	8.5	7.4	4.1	0.9	0.0	0.0	0.0	0.0	1.5	4.5	3.1	43.6
Tage mit Schneedecke	28.8	25.8	24.6	8.8	1.6	0.1	0.0	0.0	0.0	3.1	11.5	21.4	125.7
Tage mit Gewitter	0.0	0.1	0.2	1.8	4.9	6.9	7.7	5.9	2.5	0.3	0.1	0.0	30.4

Häufigkeit der Windrichtungen, %	Jan.	Febr.	März	April	Mai	Juni	Juli	Aug.	Sept.	Okt.	Nov.	Dez.	Jahr
N	12	13	12	11	9	11	16	10	9	8	11	9	11
NE	1	1	2	2	1	1	2	1	1	1	2	2	1
E	2	1	1	1	1	1	1	1	1	1	1	1	1
SE	7	10	12	12	16	15	9	11	10	14	11	9	11
S	8	6	7	9	11	12	11	15	14	10	7	6	10
SW	13	14	13	15	13	10	9	13	15	15	19	15	14
W	7	7	8	8	8	8	12	9	11	12	10	9	9
NW	41	40	36	35	32	33	33	31	29	28	32	39	34
Windstille	9	8	9	7	9	9	7	9	10	11	7	10	9
Mittlere Windgeschwindigkeit, m/sec	3.7	3.9	3.5	3.3	3.2	3.2	3.1	2.9	3.0	3.1	3.5	3.6	3.4

Tabelle III Klimatabelle der Station KANZELHÖHE, 1500 m (1941 - 1970)

Lufttemperatur, °C	Jan.	Febr.	März	April	Mai	Juni	Juli	Aug.	Sept.	Okt.	Nov.	Dez.	Jahr
Mittel	-4.3	-3.2	-0.8	3.2	7.4	11.1	13.0	12.6	10.2	5.7	0.8	-2.6	4.4
7 Uhr	-5.2	-4.6	-2.5	1.5	5.7	9.5	11.3	10.9	8.4	4.3	0.0	-3.4	3.0
14 Uhr	-2.2	-0.6	2.0	6.2	10.5	14.4	16.5	15.8	13.5	8.8	2.6	-0.8	7.2
21 Uhr	-4.9	-3.8	-1.4	2.6	6.6	10.4	12.2	11.8	9.4	4.9	0.3	-3.1	3.8
Höchstes Monats- und Jahresmittel	-0.3	1.6	3.0	6.6	11.6	13.3	16.4	15.4	13.3	8.7	3.7	0.7	5.9
Jahr	1948	1966	1957	1947	1958	1951	1952	1962	1942	1942	1951/1963	1955	1951
Tiefstes Monats- und Jahresmittel	-10.0	-11.6	-3.8	0.4	4.5	8.7	9.2	11.0	7.5	2.9	-2.5	-6.9	3.3
Jahr	1963	1956	1962	1958	1957	1962	1948	1968	1952	1964	1956	1969	1956
Absolutes Maximum	12.2	13.8	17.0	21.8	23.8	26.4	29.4	26.0	25.4	20.2	16.8	15.0	29.4
Jahr	1948	1960	1955	1947	1969	1950	1950	1951/1961	1947	1942	1966	1955	1950
Absolutes Minimum	-21.0	-22.9	-18.0	-11.0	-8.2	-1.0	0.0	0.9	-2.0	-8.5	-13.9	-17.9	-22.9
Jahr	1963	1956	1963	1956	1957	1953/1962	1948	1963	1952	1955	1941	1941/1962	1956
Durchschnittliches tägliches Maximum	-0.8	0.5	3.0	7.5	12.0	15.7	17.8	17.3	14.7	9.7	3.6	0.6	
Durchschnittliches tägliches Minimum	-6.4	-6.0	-4.1	0.2	4.0	7.7	9.4	9.2	7.1	3.7	-1.5	-4.8	
Frosttage (Minimum ≦ 0°)	29.1	24.7	24.1	13.8	3.8	0.2	0.0	0.0	0.6	7.1	18.4	26.7	148.5
Eistage (Maximum ≦ 0°)	16.5	12.7	7.8	1.3	0.1	0.0	0.0	0.0	0.0	0.6	5.6	14.3	58.9

Relative Luftfeuchtigkeit, %	Jan.	Febr.	März	April	Mai	Juni	Juli	Aug.	Sept.	Okt.	Nov.	Dez.	Jahr
Tagesmittel	67	68	68	70	71	71	71	74	75	75	73	71	71
7 Uhr	70	72	72	75	76	77	77	80	81	79	75	73	76
14 Uhr	63	62	62	63	63	64	64	67	68	68	69	68	65
21 Uhr	69	69	69	71	72	72	73	75	77	77	75	73	73
Größtes Monats- und Jahresmittel	79	85	81	78	82	78	77	82	87	87	91	89	79
Kleinstes Monats- und Jahresmittel	47	45	47	59	58	58	62	64	61	60	53	46	63

Dampfdruck, mm Hg.	Jan.	Febr.	März	April	Mai	Juni	Juli	Aug.	Sept.	Okt.	Nov.	Dez.	Jahr
Tagesmittel	2.3	2.5	3.0	4.1	5.4	7.3	8.2	8.4	7.3	5.3	3.7	2.7	5.0
7 Uhr	2.2	2.4	2.8	3.8	5.2	6.9	7.8	8.0	6.8	5.0	3.5	2.5	4.7
14 Uhr	2.5	2.7	3.4	4.5	5.9	8.0	9.0	9.3	8.0	5.8	3.9	2.9	5.5
21 Uhr	2.2	2.4	2.9	4.0	5.2	6.8	7.8	7.9	6.9	5.1	3.6	2.6	4.8
Größtes Monats- und Jahresmittel	3.0	3.5	4.2	5.8	6.7	8.5	9.4	11.6	8.7	7.1	4.6	3.5	5.4
Kleinstes Monats- und Jahresmittel	1.6	1.4	2.1	3.3	4.3	6.0	7.2	6.9	5.2	4.4	2.8	1.8	4.2

Bewölkung (Zehntel der Himmelsfläche)	Jan.	Febr.	März	April	Mai	Juni	Juli	Aug.	Sept.	Okt.	Nov.	Dez.	Jahr
Tagesmittel	5.4	5.6	5.5	6.1	6.2	5.9	5.3	5.2	5.1	5.3	6.2	5.7	5.6
7 Uhr	5.5	6.0	5.9	6.1	6.0	5.6	4.8	5.1	5.4	5.7	6.4	6.0	5.7
14 Uhr	5.6	5.9	6.2	6.7	6.8	6.3	5.7	5.5	5.4	5.4	6.5	5.8	6.0
21 Uhr	5.0	4.9	5.2	5.5	5.7	5.9	5.5	5.0	4.7	4.8	5.6	5.3	5.3
Größtes Monats- und Jahresmittel	7.1	8.9	7.5	7.8	7.6	7.1	6.6	7.3	7.2	7.6	8.7	7.9	6.0
Kleinstes Monats- und Jahresmittel	1.7	2.2	2.2	4.5	3.8	3.6	4.0	3.7	3.2	3.6	2.9	3.8	5.0

Trübe Tage (Bewölkung ≧ 8)	8.7	8.2	9.6	9.8	8.5	7.6	6.4	6.2	6.9	9.2	11.5	10.0	102.6
Maximum	14	22	17	17	16	14	12	14	17	18	21	19	136
Minimum	1	1	1	3	0	0	2	2	1	2	4	4	65
Heitere Tage (Bewölkung ≦ 2)	6.1	4.9	5.3	3.8	2.4	3.1	4.8	4.9	5.7	6.3	4.1	5.4	56.8
Maximum	20	18	13	8	8	8	13	12	13	14	16	12	86
Minimum	1	0	0	0	0	0	0	0	1	0	0	1	24
Tage mit Nebel	8.5	7.6	8.5	7.8	7.1	5.0	5.6	6.6	7.3	9.0	9.9	8.4	91.3

Sonnenschein	Jan.	Febr.	März	April	Mai	Juni	Juli	Aug.	Sept.	Okt.	Nov.	Dez.	Jahr
Stunden	134	135	169	168	190	202	231	223	184	157	108	112	2015
Maximum	224	224	293	237	280	256	279	293	255	221	166	146	2304
Minimum	73	32	90	111	123	143	182	129	112	80	56	39	1755
Effektiv mögliche Dauer, %	49	48	49	44	45	48	54	54	52	49	40	44	48

Niederschlag, mm	Jan.	Febr.	März	April	Mai	Juni	Juli	Aug.	Sept.	Okt.	Nov.	Dez.	Jahr
Mittel	58	66	64	96	114	137	167	144	112	97	118	72	1274
Maximum	139	139	179	172	253	282	259	263	262	303	226	315	1548
Jahr	1952	1950	1970	1950	1962	1948	1965	1941	1965	1964	1963	1960	1965
Minimum	0	8	3	14	9	34	86	44	10	0	14	13	993
Jahr	1964	1965	1949	1947	1958	1950	1959	1951	1959	1965	1953	1955	1942
Tage mit Niederschlag ≧ 0.1 mm	9.1	8.8	9.2	12.6	13.6	14.4	14.7	13.7	10.7	8.8	10.1	10.2	135.9
Maximum	16	19	17	17	22	21	21	21	19	21	17	17	170
Minimum	0	0	2	5	3	0	0	7	5	0	1	3	99
Tage mit Niederschlag ≧ 1.0 mm	7.3	7.1	7.3	10.8	11.6	12.1	12.5	12.1	8.8	7.4	9.3	7.5	110.5
Tage mit Schneefall	7.8	8.7	6.9	4.7	1.1	0.0	0.7	0.0	0.0	1.4	4.6	7.8	43.7
Tage mit Schneedecke	29.2	26.5	24.4	12.9	3.0	0.1	0	0	0.1	4.3	14.7	24.3	139.5
Tage mit Gewitter	0.0	0.1	0.3	1.4	3.8	6.3	7.2	5.4	2.9	1.1	0.7	0.2	29.4

Häufigkeit der Windrichtungen, %	Jan.	Febr.	März	April	Mai	Juni	Juli	Aug.	Sept.	Okt.	Nov.	Dez.	Jahr
N	4	4	4	4	3	2	3	3	3	3	3	3	3
NE	5	5	6	5	2	4	2	1	3	5	4	5	4
E	6	7	7	7	8	8	8	6	7	7	6	6	6
SE	2	3	4	4	7	8	8	9	8	5	3	3	5
S	1	1	2	2	2	2	2	3	2	2	1	1	2
SW	4	8	8	9	9	9	7	8	8	7	8	4	8
W	32	31	27	31	33	28	25	26	28	29	30	30	29
NW	20	19	18	14	12	15	14	14	14	14	17	19	15
Windstille	26	22	24	24	24	24	31	30	27	28	28	29	28
Mittlere Windgeschwindigkeit, m/sec	2.2	2.3	2.2	2.2	2.1	2.0	1.7	1.8	1.8	1.9	2.0	1.9	2.1

Tabelle IV Klimatabelle der Station GALTÜR, 1583 m (1941 - 1970)

Lufttemperatur, °C	Jan.	Febr.	März	April	Mai	Juni	Juli	Aug.	Sept.	Okt.	Nov.	Dez.	Jahr
Mittel	-6.4	-5.2	-1.9	2.1	6.6	9.9	12.0	11.4	9.0	4.3	-1.4	-5.3	2.9
7 Uhr	-7.8	-7.5	-4.9	-0.5	4.3	7.9	9.6	8.8	5.3	1.0	-3.0	-6.5	0.6
14 Uhr	-4.1	-2.0	2.2	5.7	10.6	14.0	16.3	15.9	14.3	9.6	1.4	-3.5	6.7
21 Uhr	-6.8	-5.6	-2.3	1.7	5.7	9.0	10.9	10.5	8.2	3.3	-1.8	-5.6	2.3
Höchstes Monats- und Jahresmittel	-1.8	-0.4	1.2	5.3	9.1	12.5	14.4	14.3	11.5	7.9	1.9	-1.2	4.4
Jahr	1948	1966	1948	1946	1947	1950	1952	1944	1947/1949	1942	1948	1955	1947
Tiefstes Monats- und Jahresmittel	-11.6	-15.4	-5.9	-1.4	3.4	7.8	9.1	9.7	5.6	1.4	-4.4	-10.4	1.2
Jahr	1963	1956	1958	1970	1957	1969	1954	1966	1952	1956	1952	1969	1956
Absolutes Maximum	8.9	12.0	12.0	18.6	27.0	27.6	30.6	28.0	27.2	22.0	17.0	16.2	30.6
Jahr	1957	1967	1962/1967	1947	1969	1950	1957	1958	1943	1970	1965	1946	1957
Absolutes Minimum	-28.6	-30.6	-24.0	-16.5	-14.0	-6.0	-1.6	-4.0	-8.0	-14.6	-19.3	-26.0	-30.6
Jahr	1963/1966	1956	1958	1969	1962	1962	1961	1966	1962	1958	1952	1962	1956
Durchschnittliches tägliches Maximum	-1.6	0.5	3.2	6.8	11.7	15.4	17.6	17.0	15.6	11.1	3.6	-1.4	
Durchschnittliches tägliches Minimum	-12.0	-9.7	-7.7	-3.3	0.4	3.7	5.5	5.6	2.8	-1.3	-6.0	-10.9	
Frosttage (Minimum ≤ 0°)	29.9	26.4	27.3	17.7	6.9	1.6	0.4	0.4	2.7	14.1	24.9	29.9	182.2
Eistage (Maximum ≤ 0°)	20.0	14.0	7.7	3.6	0.6	0.0	0.0	0.0	0.0	1.5	7.4	19.6	74.4

Relative Luftfeuchtigkeit, %	Jan.	Febr.	März	April	Mai	Juni	Juli	Aug.	Sept.	Okt.	Nov.	Dez.	Jahr
Tagesmittel	73	72	72	72	70	73	74	75	77	74	76	76	74
7 Uhr	77	79	79	80	77	79	80	84	91	88	83	79	81
14 Uhr	66	63	60	58	56	58	58	58	55	54	65	70	60
21 Uhr	76	75	75	77	78	83	85	84	85	82	80	78	80
Größtes Monats- und Jahresmittel	82	83	79	85	80	82	83	83	83	85	85	84	81
Kleinstes Monats- und Jahresmittel	65	65	51	65	56	65	68	72	67	64	66	69	68

Dampfdruck, mm Hg.	Jan.	Febr.	März	April	Mai	Juni	Juli	Aug.	Sept.	Okt.	Nov.	Dez.	Jahr
Tagesmittel	2.1	2.2	2.8	3.7	5.1	6.8	7.6	7.5	6.4	4.5	3.2	2.3	4.5
7 Uhr	2.0	2.1	2.4	3.5	5.0	6.5	7.3	7.2	6.0	4.3	3.1	2.2	4.3
14 Uhr	2.1	2.5	3.0	3.9	5.2	6.9	7.5	7.5	6.5	4.6	3.3	2.4	4.6
21 Uhr	2.1	2.2	2.8	3.8	5.2	7.1	8.0	7.7	6.7	4.6	3.2	2.3	4.6
Größtes Monats- und Jahresmittel	2.6	2.8	3.4	4.6	5.7	7.7	9.2	8.5	7.3	5.6	3.8	3.2	4.6
Kleinstes Monats- und Jahresmittel	1.4	1.5	2.1	2.6	4.0	5.9	6.9	6.6	5.4	3.9	2.5	1.5	4.0

Bewölkung (Zehntel der Himmelsfläche)	Jan.	Febr.	März	April	Mai	Juni	Juli	Aug.	Sept.	Okt.	Nov.	Dez.	Jahr
Tagesmittel	5.5	5.8	5.6	6.0	6.3	6.5	6.1	6.0	5.2	4.6	5.6	5.3	5.7
7 Uhr	5.6	6.1	5.7	5.9	5.9	6.0	5.5	5.7	5.2	4.9	5.8	5.4	5.6
14 Uhr	5.6	5.7	5.6	6.1	6.5	6.7	6.3	6.2	5.3	4.7	5.7	5.5	5.8
21 Uhr	5.4	5.6	5.4	5.8	6.5	6.8	6.5	6.0	5.0	4.3	5.3	4.9	5.6
Größtes Monats- und Jahresmittel	7.6	8.6	7.6	8.0	8.0	7.9	7.8	8.0	6.5	7.1	7.3	7.8	6.5
Kleinstes Monats- und Jahresmittel	2.8	2.3	2.5	4.2	4.9	4.9	4.5	4.1	3.7	2.6	2.6	2.9	4.9
Trübe Tage (Bewölkung ≥ 8)	9.9	10.0	9.9	10.6	10.6	10.9	9.8	9.2	7.6	7.2	9.8	9.2	114.7
Maximum	18	20	18	18	20	19	18	17	14	14	16	16	161
Minimum	3	2	2	2	3	3	3	1	2	1	2	2	73
Heitere Tage (Bewölkung ≤ 2)	6.7	6.0	6.6	4.7	3.3	2.7	3.4	4.0	7.0	9.6	6.4	8.3	68.7
Maximum	17	18	17	9	8	7	7	10	12	19	15	16	107
Minimum	0	1	1	1	0	0	0	0	1	1	1	1	45
Tage mit Nebel	5.1	4.6	4.7	5.8	5.2	4.6	3.4	4.3	3.6	5.8	5.7	6.0	58.8

Niederschlag, mm	Jan.	Febr.	März	April	Mai	Juni	Juli	Aug.	Sept.	Okt.	Nov.	Dez.	Jahr
Mittel	49	55	43	41	67	109	132	131	81	45	48	44	849
Maximum	181	194	109	162	119	194	227	245	185	107	172	99	1145
Jahr	1968	1970	1944	1943	1965	1943	1966	1970	1960	1970	1947	1947	1970
Minimum	3	1	4	5	28	52	58	40	19	3	1	4	645
Jahr	1953	1956	1953	1946	1948	1962	1945	1943	1961	1965	1953	1956	1959
Tage mit Niederschlag ≥ 0,1 mm	11.5	11.6	11.3	11.9	14.2	17.3	18.1	17.6	12.5	8.4	10.9	11.3	156.6
Maximum	21	24	20	21	22	23	26	23	19	18	20	22	191
Minimum	5	2	4	2	7	11	11	11	7	0	2	5	130
Tage mit Niederschlag ≥ 1,0 mm	8.4	8.7	8.1	8.6	10.8	14.4	16.2	15.0	10.3	6.5	8.0	8.0	123.0
Tage mit Schneefall	10.3	10.1	8.6	6.9	2.9	0.5	0	0	0.5	2.5	6.7	9.6	58.6
Tage mit Schneedecke	30.2	27.6	30.8	20.6	6.4	0.7	0.1	0.1	0.8	5.4	18.3	27.0	168.0
Tage mit Gewitter	0	0	0.1	0.1	1.4	3.6	6.9	4.6	2.1	0.1	0.1	0	19.0

Häufigkeit der Windrichtungen, %	Jan.	Febr.	März	April	Mai	Juni	Juli	Aug.	Sept.	Okt.	Nov.	Dez.	Jahr
N	0	0	1	0	0	0	0	0	1	1	0	0	0
NE	1	1	2	2	2	1	1	2	2	2	2	2	2
E	7	7	8	9	11	10	9	11	10	15	10	8	10
SE	3	4	4	5	5	4	5	5	5	6	5	5	5
S	1	1	1	0	1	1	1	1	1	1	1	1	1
SW	10	9	6	5	4	3	5	5	6	6	9	10	6
W	47	52	53	56	58	60	60	53	49	39	42	41	51
NW	5	5	6	6	5	6	5	5	3	5	5	7	6
Windstille	26	21	19	17	14	14	15	18	23	26	25	26	19
Mittlere Windgeschwindigkeit, m/sec	1.8	2.0	2.1	2.1	2.1	2.0	2.1	1.9	1.7	1.5	1.6	1.7	2.2

Tabelle V Klimatabelle der Station FEUERKOGEL, 1592 m (1941 - 1970)

Lufttemperatur, °C	Jan.	Febr.	März	April	Mai	Juni	Juli	Aug.	Sept.	Okt.	Nov.	Dez.	Jahr
Mittel	-5.1	-4.5	-1.9	1.6	5.7	9.2	11.1	10.9	9.4	5.4	0.2	-3.3	3.2
7 Uhr	-5.5	-5.0	-2.7	0.9	5.2	8.8	10.6	10.4	8.7	4.8	-0.3	-3.6	2.7
14 Uhr	-4.5	-3.6	-0.8	2.8	6.9	10.5	12.3	12.1	10.7	6.7	1.0	-2.6	4.3
21 Uhr	-5.3	-4.7	-2.0	1.4	5.3	8.9	10.7	10.6	9.1	5.1	0.1	-3.5	3.0
Höchstes Monats- und Jahresmittel	-1.0	1.6	2.3	6.1	10.1	12.3	13.5	14.6	13.2	8.6	3.7	1.0	4.7
Jahr	1955	1966	1959	1961	1958	1950	1952	1944	1961	1967	1963	1953	1961
Tiefstes Monats- und Jahresmittel	-10.6	-13.5	-7.5	-1.3	2.2	6.5	8.2	9.2	4.8	2.0	-2.7	-7.1	1.9
Jahr	1942	1956	1944	1954	1957	1956	1954	1965	1952	1941	1956	1969	1956
Absolutes Maximum	13.2	11.9	14.6	18.2	23.4	27.8	27.5	26.7	23.6	19.4	17.3	12.1	27.8
Jahr	1947	1957	1955	1968	1969	1945	1957	1965	1964	1970	1966	1963	1957
Absolutes Minimum	-22.8	-29.1	-16.6	-13.0	-12.2	-4.0	-0.6	-0.6	-5.9	-12.6	-16.3	-20.2	-29.1
Jahr	1942/1968	1956	1958	1956	1941	1962	1954	1963	1954	1946	1957	1961	1956
Durchschnittliches tägliches Maximum	-2.4	-1.6	0.9	4.7	8.9	12.5	14.2	14.1	12.4	8.3	3.0	-0.6	
Durchschnittliches tägliches Minimum	-7.7	-7.0	-4.4	-0.9	2.6	6.2	8.1	8.1	6.6	2.9	-2.3	-5.8	
Frosttage (Minimum ≦ 0°)	13.1	25.3	23.4	16.8	7.4	1.3	0.1	0.1	2.1	9.0	20.0	26.1	144.7
Eistage (Maximum ≦ 0°)	18.9	16.0	12.6	6.1	1.6	0.1	0	0	0.1	2.6	8.5	14.9	81.4

Relative Luftfeuchtigkeit, %	Jan.	Febr.	März	April	Mai	Juni	Juli	Aug.	Sept.	Okt.	Nov.	Dez.	Jahr
Tagesmittel	74	77	77	78	79	81	81	80	76	72	75	75	77
7 Uhr	74	76	77	78	78	82	80	79	75	71	76	75	77
14 Uhr	73	76	76	78	80	81	81	81	77	72	74	75	77
21 Uhr	74	77	78	79	80	81	80	80	76	72	75	75	77
Größtes Monats- und Jahresmittel	83	90	91	88	90	87	88	86	83	86	88	86	81
Kleinstes Monats- und Jahresmittel	59	56	70	62	70	72	74	72	65	59	63	63	73

Dampfdruck, mm Hg.	Jan.	Febr.	März	April	Mai	Juni	Juli	Aug.	Sept.	Okt.	Nov.	Dez.	Jahr
Tagesmittel	2.4	2.6	3.1	4.1	5.5	7.2	8.1	7.9	6.7	4.8	3.5	2.7	4.9
7 Uhr	2.3	2.5	2.9	3.9	5.1	6.9	7.6	7.4	6.3	4.5	3.4	2.6	4.6
14 Uhr	2.5	2.7	3.3	4.4	6.0	7.8	8.8	8.6	7.4	5.1	3.6	2.8	5.3
21 Uhr	2.4	2.5	3.1	4.0	5.3	6.9	7.8	7.6	6.6	4.7	3.4	2.7	4.8
Größtes Monats- und Jahresmittel	2.9	3.3	4.0	5.1	6.5	8.2	9.2	9.8	8.0	6.1	4.3	3.4	5.2
Kleinstes Monats- und Jahresmittel	1.7	1.4	2.3	3.4	4.4	6.4	6.9	7.1	5.5	4.0	2.8	2.1	4.5

Bewölkung (Zehntel der Himmelsfläche)	Jan.	Febr.	März	April	Mai	Juni	Juli	Aug.	Sept.	Okt.	Nov.	Dez.	Jahr
Tagesmittel	6.3	6.6	6.6	6.8	6.8	6.7	6.4	6.1	5.3	5.1	6.4	6.3	6.3
7 Uhr	6.5	6.7	6.9	6.9	6.7	6.6	6.1	6.0	5.3	5.4	6.6	6.3	6.3
14 Uhr	6.6	7.1	6.9	7.3	7.4	7.2	6.9	6.6	5.8	5.5	6.7	6.5	6.7
21 Uhr	6.0	6.2	6.0	6.3	6.3	6.4	6.1	5.7	4.8	4.4	6.0	6.1	5.9
Größtes Monats- und Jahresmittel	7.5	8.8	9.4	8.3	8.3	8.2	8.0	7.8	7.0	7.3	8.5	8.1	6.9
Kleinstes Monats- und Jahresmittel	3.0	2.9	4.2	4.9	5.4	5.6	4.5	4.9	3.3	2.4	4.9	3.5	5.6
Trübe Tage (Bewölkung ≧ 8)	12.7	12.8	13.3	12.8	12.2	12.4	11.0	10.6	9.2	8.9	12.1	12.6	140.6
Maximum	19	23	28	20	18	19	20	17	16	18	22	22	182
Minimum	1	5	6	5	2	5	1	2	4	1	4	4	119
Heitere Tage (Bewölkung ≦ 2)	4.8	4.3	5.0	3.5	2.7	2.6	3.8	4.8	7.3	8.1	4.1	5.5	56.5
Maximum	14	17	14	8	8	6	10	10	16	20	10	15	87
Minimum	0	0	0	0	0	0	0	1	1	1	0	0	22
Tage mit Nebel	16.1	15.2	16.2	15.1	16.5	15.4	14.6	14.2	13.1	11.9	14.5	14.7	177.5

Sonnenschein	Jan.	Febr.	März	April	Mai	Juni	Juli	Aug.	Sept.	Okt.	Nov.	Dez.	Jahr
Stunden	93	99	138	153	182	175	193	193	180	163	99	95	1767
Maximum	173	203	229	254	236	250	266	241	261	259	175	158	2047
Minimum	62	34	20	88	95	111	130	114	107	88	47	38	1482
Effektiv mögliche Dauer, %	36	36	41	40	41	38	42	45	52	52	37	40	42

Niederschlag, mm	Jan.	Febr.	März	April	Mai	Juni	Juli	Aug.	Sept.	Okt.	Nov.	Dez.	Jahr
Mittel	168	159	172	183	181	244	281	231	151	144	147	161	2218
Maximum	634	432	765	432	312	425	489	437	311	432	435	325	4133
Jahr	1944	1945	1944	1943	1965	1966	1955	1949	1950	1941	1947	1941	1944
Minimum	27	19	51	36	36	51	107	76	41	9	38	33	1372
Jahr	1964	1959	1946	1946	1947	1950	1963	1947	1947	1943	1968	1963	1969
Tage mit Niederschlag ≧ 0.1 mm	18.3	17.3	17.2	17.3	18.1	19.7	19.3	18.7	14.5	12.6	14.6	16.4	204.0
Maximum	24	26	29	25	26	25	27	25	24	26	24	29	242
Minimum	6	6	6	9	11	12	11	12	7	4	5	8	171
Tage mit Niederschlag ≧ 1.0 mm	15.4	14.7	14.7	14.5	15.5	17.0	17.2	16.1	12.2	10.6	11.9	14.2	174.0
Tage mit Schneefall	17.4	16.2	14.7	10.9	4.7	1.0	0.0	0.1	1.0	4.5	11.3	15.0	96.8
Tage mit Schneedecke	30.8	28.2	31.0	28.3	16.1	2.4	0.3	0.1	1.5	7.8	22.2	29.1	197.8
Tage mit Gewitter	0.0	0.1	0.4	1.7	4.7	6.3	7.1	5.7	1.5	0.2	0.2	0.1	28.0

Häufigkeit der Windrichtungen, %	Jan.	Febr.	März	April	Mai	Juni	Juli	Aug.	Sept.	Okt.	Nov.	Dez.	Jahr
N	4	4	5	6	6	6	5	4	2	2	2	3	4
NE	1	1	1	2	3	4	4	3	1	1	1	0	2
E	2	2	3	3	5	3	2	3	4	5	2	2	3
SE	5	5	7	5	6	5	3	4	7	10	7	6	6
S	11	12	11	13	10	7	5	8	12	16	16	13	11
SW	12	13	10	10	9	8	6	9	10	9	13	13	10
W	34	34	30	25	24	25	30	28	30	25	28	32	29
NW	23	22	23	25	26	30	29	27	20	17	18	21	23
Windstille	8	7	10	12	12	14	16	14	14	15	13	10	12
Mittlere Windgeschwindigkeit, m/sec	4.1	4.3	3.9	3.2	2.9	2.6	2.7	2.7	3.0	3.2	3.7	3.9	16.2

Tabelle VI   Klimatabelle der Station HAHNENKAMM, 1665 m (1941 - 1970)

	Jan.	Febr.	März	April	Mai	Juni	Juli	Aug.	Sept.	Okt.	Nov.	Dez.	Jahr
Lufttemperatur, °C													
Mittel	-4.1	-4.0	-1.3	2.0	5.9	9.2	11.1	11.1	9.6	5.7	0.7	-2.5	3.6
7 Uhr	-4.7	-4.8	-2.5	0.7	4.7	8.0	10.0	10.1	8.3	4.8	-0.1	-3.0	2.6
14 Uhr	-3.0	-2.6	0.1	3.4	7.5	10.7	12.7	12.7	11.2	7.4	1.9	-1.3	5.0
21 Uhr	-4.4	-4.2	-1.5	1.9	5.7	9.0	10.9	10.9	9.3	5.4	0.4	-2.8	3.4
Höchstes Monats- und Jahresmittel	0.1	1.6	2.7	5.5	9.9	12.2	14.0	14.8	13.2	9.0	4.5	1.4	4.8
Jahr	1955	1966	1957	1946	1958	1950	1952	1944	1961	1943	1953	1953	1943
Tiefstes Monats- und Jahresmittel	-9.8	-13.2	-7.0	-1.8	2.3	6.3	8.2	8.4	5.1	2.4	-2.2	-7.8	2.0
Jahr	1963	1956	1944	1970	1957	1956	1954	1968	1952	1941	1952	1969	1970
Absolutes Maximum	11.8	14.8	16.0	17.8	23.2	24.0	27.3	26.5	24.4	20.0	17.5	15.0	27.3
Jahr	1943	1960	1955	1955	1942	1947	1962	1965	1961	1942	1966	1953	1962
Absolutes Minimum	-23.1	-27.9	-18.4	-13.0	-9.0	-5.0	-2.1	-1.0	-5.2	-10.0	-15.2	-21.5	-27.9
Jahr	1945	1956	1956	1956	1941	1962	1954	1949	1954	1941	1957	1962	1956
Durchschnittliches tägliches Maximum	-1.1	-0.7	1.9	5.4	9.5	12.9	14.8	14.6	12.9	8.9	3.7	0.6	
Durchschnittliches tägliches Minimum	-7.0	-6.8	-4.1	-0.9	2.7	5.9	7.9	8.0	6.4	3.0	-2.2	-5.1	
Frosttage (Minimum ≦ 0°)	27.9	24.8	23.2	16.6	8.3	1.7	0.5	0.1	2.1	8.2	19.8	25.2	158.4
Eistage (Maximum ≦ 0°)	16.3	15.2	10.1	5.3	1.5	0.1	0.0	0.0	0.0	2.3	8.0	13.4	72.2
Relative Luftfeuchtigkeit, %													
Tagesmittel	67	71	71	72	74	75	74	73	71	65	66	66	70
7 Uhr	68	72	72	74	76	78	76	74	71	66	68	67	72
14 Uhr	64	69	68	69	70	71	70	70	68	62	65	64	68
21 Uhr	68	72	72	74	76	77	76	76	74	69	67	67	72
Größtes Monats- und Jahresmittel	83	93	88	90	84	87	87	88	85	81	77	86	82
Kleinstes Monats- und Jahresmittel	43	54	51	54	61	64	62	60	59	36	52	46	62
Dampfdruck, mm Hg.													
Tagesmittel	2.2	2.4	2.9	3.7	5.1	6.5	7.3	7.1	6.2	4.4	3.1	2.5	4.5
7 Uhr	2.2	2.3	2.7	3.5	4.8	6.2	6.9	6.7	5.7	4.1	3.0	2.4	4.2
14 Uhr	2.3	2.5	3.0	3.9	5.3	6.8	7.6	7.5	6.6	4.6	3.2	2.5	4.7
21 Uhr	2.2	2.4	2.9	3.8	5.2	6.6	7.4	7.2	6.3	4.5	3.1	2.5	4.5
Größtes Monats- und Jahresmittel	3.0	3.4	3.8	4.7	6.5	8.2	8.6	8.0	7.9	6.1	4.0	3.4	5.2
Kleinstes Monats- und Jahresmittel	1.4	1.2	2.2	3.1	4.2	5.6	6.3	6.2	4.6	2.8	2.3	1.8	3.7
Bewölkung (Zehntel der Himmelsfläche)													
Tagesmittel	6.2	6.4	6.3	6.8	7.0	7.0	6.5	6.3	5.6	5.1	6.2	6.0	6.3
7 Uhr	6.0	6.4	6.5	6.6	6.5	6.6	6.1	5.9	5.5	5.3	6.3	5.9	6.1
14 Uhr	6.3	6.6	6.3	6.9	7.3	7.2	6.5	6.4	5.6	5.4	6.4	6.2	6.4
21 Uhr	6.1	6.3	6.0	6.7	7.1	7.3	6.9	6.6	5.7	4.8	5.9	5.9	6.3
Größtes Monats- und Jahresmittel	7.7	8.7	9.2	8.0	8.5	8.3	7.8	7.6	7.4	7.8	8.4	8.4	7.0
Kleinstes Monats- und Jahresmittel	2.4	2.3	3.9	5.0	5.5	5.8	5.2	5.2	4.0	2.2	4.3	3.8	5.7
Trübe Tage (Bewölkung ≧ 8)	11.9	12.0	12.1	12.7	13.0	13.8	12.2	11.5	9.6	8.8	10.7	12.0	142.8
Maximum	19	22	24	20	21	19	18	18	17	19	19	20	192
Minimum	3	2	6	6	1	5	6	8	4	1	5	4	117
Heitere Tage (Bewölkung ≦ 2)	5.3	4.5	5.2	3.0	2.1	2.2	3.1	4.1	6.8	8.6	4.9	6.5	58.7
Maximum	21	19	15	7	8	6	6	10	14	18	15	15	138
Minimum	1	0	1	0	0	0	1	0	0	0	0	0	34
Tage mit Nebel	9.6	10.8	12.1	12.4	11.4	10.4	9.8	12.8	8.9	8.8	10.1	11.3	128.4
Sonnenschein													
Stunden	101	105	151	157	181	180	204	202	189	172	106	97	1843
Maximum	184	207	228	242	256	260	259	256	256	274	189	150	2067
Minimum	68	42	50	91	105	120	144	153	118	87	56	39	1546
Effektiv mögliche Dauer, %	42	40	45	41	41	40	44	48	54	54	43	43	45
Niederschlag, mm													
Mittel	64	70	68	81	119	160	173	161	95	65	64	76	1187
Maximum	126	172	204	188	231	281	274	275	174	179	148	170	1794
Jahr	1962	1958	1967	1965	1965	1959	1966	1969	1950	1964	1947	1954	1970
Minimum	13	17	14	28	48	89	101	45	28	0	2	11	820
Jahr	1955	1954	1946	1946	1947	1942	1952	1947	1947	1943	1953	1942	1947
Tage mit Niederschlag ≧ 0.1 mm	12.9	13.2	13.0	14.3	16.8	19.1	19.1	17.2	12.7	9.7	11.7	13.1	172.8
Maximum	21	24	23	19	23	25	24	25	19	23	22	24	211
Minimum	5	2	5	6	10	13	12	11	7	1	2	6	147
Tage mit Niederschlag ≧ 1.0 mm	10.8	11.3	11.2	12.7	13.9	17.2	17.6	15.7	11.4	8.7	10.1	11.5	152.1
Tage mit Schneefall	12.4	12.2	11.3	10.0	4.4	0.8	0.0	0.0	0.8	3.8	8.8	12.1	76.6
Tage mit Schneedecke	31.0	28.2	29.5	21.5	7.2	0.8	0.2	0.0	1.0	5.9	18.0	28.5	171.8
Tage mit Gewitter	0.0	0.0	0.2	0.8	2.6	4.8	6.3	5.5	1.4	0.1	0.0	0.0	21.7
Häufigkeit der Windrichtungen, %													
N	8	8	8	10	12	13	14	13	9	7	7	7	10
NE	5	4	5	4	6	7	6	6	4	4	5	5	5
E	3	3	3	3	3	3	2	2	2	3	3	3	3
SE	12	11	11	11	9	9	7	9	12	14	16	13	11
S	10	10	12	10	13	6	5	8	11	16	15	11	11
SW	10	9	7	9	8	7	7	7	8	10	11	11	9
W	16	15	16	14	15	16	18	17	18	16	14	17	16
NW	31	36	34	35	31	36	37	33	28	24	26	29	31
Windstille	5	4	4	4	3	3	4	5	6	6	4	4	4
Mittlere Windgeschwindigkeit, m/sec	2.8	3.0	2.8	2.9	2.8	2.8	2.7	2.7	2.5	2.5	2.8	2.8	2.7

Tabelle VII   Klimatabelle der Station HOCHSERFAUS, 1815 m (1941 - 1970)

Lufttemperatur, °C	Jan.	Febr.	März	April	Mai	Juni	Juli	Aug.	Sept.	Okt.	Nov.	Dez	Jahr
Mittel	-5.6	-5.0	-2.2	1.4	5.5	9.0	11.0	10.6	8.7	4.4	-0.8	-4.2	2.7
7 Uhr	-7.0	-6.8	-4.3	-0.3	3.9	7.4	9.2	8.7	6.7	2.2	-2.3	-5.4	1.0
14 Uhr	-2.3	-1.5	1.6	4.8	9.0	12.5	14.7	14.3	12.9	8.7	2.3	-1.4	6.3
21 Uhr	-6.4	-5.8	-2.9	0.6	4.6	8.1	9.9	9.6	7.6	3.3	-1.7	-5.0	1.8
Höchstes Monats- und Jahresmittel	-2.3	-0.1	1.6	4.8	8.6	11.7	13.4	13.8	12.1	7.1	2.2	-0.9	3.8
Jahr	1948	1966	1957	1949	1958	1950	1952	1944	1961	1967	1953	1953	1961
Tiefstes Monats- und Jahresmittel	-10.5	-13.5	-7.0	-1.7	2.3	6.1	8.2	8.8	4.6	1.2	-4.0	-8.0	1.3
Jahr	1945	1956	1944	1970	1957	1956	1954	1966	1952	1964	1952	1969	1956
Absolutes Maximum	11.7	15.0	14.4	16.3	22.9	25.2	27.3	26.1	23.8	20.2	16.2	13.8	27.3
Jahr	1947	1960	1948	1947	1969	1950	1952	1944	1961	1962	1970	1948	1952
Absolutes Minimum	-23.6	-29.5	-20.6	-14.0	-13.1	-4.6	-1.2	-1.1	-5.6	-12.7	-17.6	-22.1	-29.5
Jahr	1963	1956	1949	1956	1942	1953	1965	1966	1962	1941	1942	1962	1956
Durchschnittliches tägliches Maximum	-0.8	-0.2	2.7	5.9	10.2	13.8	16.0	15.6	13.9	9.7	3.8	0.4	
Durchschnittliches tägliches Minimum	-9.0	-8.6	-5.8	-2.3	1.5	4.8	6.7	6.6	4.7	1.0	-3.0	-7.4	
Frosttage (Minimum ≦ 0°)	30.6	27.5	28.6	20.1	9.8	2.5	0.4	0.3	2.8	11.5	24.4	29.7	188.2
Eistage (Maximum ≦ 0°)	16.4	14.0	8.5	3.6	0.6	0.0	0.0	0.0	0.0	2.0	8.4	14.0	65.5

Relative Luftfeuchtigkeit, %													
Tagesmittel	70	70	69	69	71	74	74	76	74	71	72	72	72
7 Uhr	76	77	78	79	81	84	84	86	84	80	78	76	80
14 Uhr	60	59	56	55	56	59	58	60	57	56	62	62	59
21 Uhr	75	75	74	74	76	79	79	81	81	77	77	76	77
Größtes Monats- und Jahresmittel	83	85	82	80	83	83	83	84	82	86	81	82	76
Kleinstes Monats- und Jahresmittel	52	50	55	57	61	64	65	65	62	57	53	57	67

Dampfdruck, mm Hg.													
Tagesmittel	2.2	2.3	2.8	3.5	4.8	6.3	7.2	7.2	6.2	4.5	3.2	2.5	4.4
7 Uhr	2.1	2.2	2.7	3.6	4.9	6.5	7.4	7.2	6.1	4.4	3.1	2.4	4.4
14 Uhr	2.3	2.4	2.8	3.4	4.6	6.1	7.0	7.1	6.1	4.6	3.3	2.6	4.4
21 Uhr	2.2	2.3	2.8	3.5	4.8	6.3	7.2	7.2	6.3	4.5	3.2	2.4	4.4
Größtes Monats- und Jahresmittel	2.8	3.0	3.6	4.5	5.6	7.2	8.3	8.3	7.0	5.5	3.8	3.1	4.7
Kleinstes Monats- und Jahresmittel	1.4	1.3	2.1	3.0	3.8	5.5	6.3	6.4	5.1	3.8	2.6	2.0	4.0

Bewölkung (Zehntel der Himmelsfläche)													
Tagesmittel	5.6	5.9	5.7	6.2	6.5	6.6	6.1	6.0	5.2	5.0	5.8	5.5	5.8
7 Uhr	5.9	6.3	6.0	6.3	6.3	6.5	5.8	6.0	5.4	5.2	6.2	5.6	5.9
14 Uhr	5.9	6.0	5.9	6.4	6.9	6.6	6.2	6.2	5.4	5.2	6.0	5.7	6.1
21 Uhr	5.1	5.4	5.4	5.8	6.3	6.8	6.3	5.9	4.9	4.5	5.4	5.2	5.6
Größtes Monats- und Jahresmittel	7.3	8.5	7.6	8.4	7.9	8.3	8.0	7.4	6.5	7.3	7.6	7.7	6.9
Kleinstes Monats- und Jahresmittel	2.7	2.7	3.0	4.4	5.4	5.0	4.5	4.6	3.9	2.6	3.4	3.4	5.0
Trübe Tage Bewölkung ≧ 8)	8.8	8.7	9.6	9.8	10.6	11.0	9.6	8.8	7.2	7.1	9.4	8.8	109.4
Maximum	15	18	18	19	18	20	20	16	13	15	16	17	165
Minimum	3	1	3	2	4	3	3	3	2	0	4	2	69
Heitere Tage (Bewölkung ≦ 2)	5.7	4.5	5.3	3.6	1.8	1.9	2.9	3.2	6.1	7.6	4.8	6.8	45.1
Maximum	17	12	16	8	6	5	7	7	12	18	11	15	77
Minimum	0	0	1	0	0	0	0	0	1	0	0	1	33
Tage mit Nebel	3.6	4.0	5.9	6.3	7.2	7.2	6.3	7.0	6.2	6.1	5.3	4.4	69.5

Sonnenschein													
Stunden	101	114	152	155	172	174	194	182	176	165	104	94	1782
Maximum	160	197	236	232	233	256	281	234	220	236	171	129	2118
Minimum	56	46	100	94	92	95	123	138	119	77	57	41	1461
Effektiv mögliche Dauer, %	47	47	49	45	43	43	47	48	55	57	45	47	48

Niederschlag, mm													
Mittel	71	70	63	62	80	107	120	131	85	54	62	65	973
Maximum	213	177	150	150	166	174	201	234	197	150	182	189	1235
Jahr	1951	1946	1944	1950	1965	1965	1946	1970	1960	1958	1944	1954	1964
Minimum	9	9	10	4	24	60	52	52	14	1	2	10	726
Jahr	1964	1963	1953	1946	1948	1961	1945	1944	1961	1965	1953	1956	1953
Tage mit Niederschlag ≧ 0.1 mm	13.8	13.7	12.8	13.6	15.9	17.7	18.7	18.1	12.9	9.9	11.8	13.2	172.1
Maximum	22	24	23	19	20	23	23	25	21	23	20	22	215
Minimum	4	3	5	7	12	11	13	8	6	0	2	6	134
Tage mit Niederschlag ≧ 1.0 mm	9.6	9.4	9.0	9.6	11.6	14.2	14.8	14.7	9.8	7.2	8.6	8.9	127.4
Tage mit Schneefall	13.3	13.2	11.7	9.2	3.4	0.8	0.0	0.0	0.6	2.9	8.9	12.5	77.5
Tage mit Schneedecke	31.0	28.2	31.0	26.3	12.6	1.3	0.2	0.1	1.4	6.9	21.1	29.2	189.3
Tage mit Gewitter	0.0	0.0	0.0	0.1	1.2	3.8	6.2	4.1	1.7	0.1	0.0	0.0	17.2

Häufigkeit der Windrichtungen, %													
N	6	6	6	6	6	5	6	6	6	6	7	6	6
NE	7	9	9	11	12	15	16	13	11	9	6	6	10
E	5	6	6	8	9	11	13	10	11	8	5	4	8
SE	2	2	2	2	4	5	4	4	3	2	2	2	3
S	8	9	9	12	13	10	8	8	9	10	10	7	9
SW	16	17	17	16	16	13	11	13	14	15	19	19	15
W	18	16	15	12	10	10	10	12	12	16	16	16	14
NW	15	13	10	7	7	7	7	6	7	11	13	15	10
Windstille	23	22	26	26	23	24	25	28	27	23	22	25	25
Mittlere Windgeschwindigkeit, m/sec	1.3	1.4	1.3	1.4	1.4	1.2	1.2	1.2	1.3	1.3	1.4	1.3	1.4

Tabelle VIII   Klimatabelle der Station VENT, 1904 m (1941 - 1970)

	Jan.	Febr.	März	April	Mai	Juni	Juli	Aug.	Sept.	Okt.	Nov.	Dez.	Jahr
Lufttemperatur, °C													
Mittel	-7.3	-6.2	-3.2	0.7	4.8	8.1	9.9	9.4	7.4	3.2	-2.2	-5.9	1.5
7 Uhr	-8.5	-8.1	-5.8	-1.9	2.6	6.0	7.5	6.7	4.6	1.1	-3.4	-6.8	-0.6
14 Uhr	-5.0	-2.6	1.1	4.6	8.6	12.0	14.3	13.8	12.1	7.4	0.2	-3.9	5.1
21 Uhr	-8.0	-7.1	-4.0	0.4	7.2	8.8	8.5	6.4	2.2	-2.8	-6.4	0.6	
Höchstes Monats- und Jahresmittel	-2.4	-0.7	0.1	3.8	8.3	10.2	12.2	11.6	10.4	5.9	0.9	-2.3	3.0
Jahr	1948	1966	1957	1946	1947	1950	1952	1943	1947	1942	1951	1955	1947
Tiefstes Monats- und Jahresmittel	-12.0	-15.0	-8.7	-2.7	2.1	3.9	7.0	7.8	3.5	-1.3	-5.0	-10.3	-1.0
Jahr	1942	1956	1944	1970	1944	1944	1944	1969	1944	1944	1944	1969	1944
Absolutes Maximum	10.0	11.9	13.1	16.0	20.7	27.9	27.1	24.9	23.4	19.1	13.2	9.5	27.1
Jahr	1948	1958	1957	1968	1969	1957	1952	1956	1962	1947	1965	1960	1952
Absolutes Minimum	-26.5	-31.6	-22.5	-17.3	-12.1	-5.1	-1.3	-1.9	-5.6	-14.2	-19.2	-24.3	-31.6
Jahr	1963	1956	1956	1941	1957	1962	1970	1966	1962	1941	1965	1941	1956
Durchschnittliches tägliches Maximum	-2.9	-1.4	2.6	5.8	9.8	13.3	15.6	14.8	13.1	8.8	1.9	-2.0	
Durchschnittliches tägliches Minimum	-10.7	-10.3	-7.3	-3.2	0.9	3.8	5.5	5.3	3.5	-0.1	-5.1	-9.1	
Frosttage (Minimum ≦ 0°)	30.8	28.0	29.1	22.1	11.7	3.0	0.8	0.4	4.0	14.1	26.4	30.6	201.0
Eistage (Maximum ≦ 0°)	21.6	15.6	7.6	3.2	0.7	0.1	0.0	0.0	0.1	2.2	8.8	19.9	79.8
Relative Luftfeuchtigkeit, %													
Tagesmittel	63	63	63	64	67	68	69	70	69	65	66	64	66
7 Uhr	67	68	69	72	74	77	78	80	78	73	70	67	73
14 Uhr	57	54	51	51	52	52	50	52	51	51	58	59	53
21 Uhr	66	67	69	72	74	76	78	79	78	73	69	66	72
Größtes Monats- und Jahresmittel	73	70	71	70	76	77	75	78	79	76	71	74	71
Kleinstes Monats- und Jahresmittel	55	50	52	50	59	62	63	63	58	52	58	57	61
Dampfdruck, mm Hg.													
Tagesmittel	1.8	2.0	2.4	3.2	4.3	5.5	6.2	6.2	5.3	3.9	2.7	2.0	3.8
7 Uhr	1.7	1.8	2.2	3.0	4.2	5.5	6.1	6.0	5.0	3.7	2.6	2.0	3.7
14 Uhr	1.9	2.1	2.6	3.2	4.2	5.2	5.9	6.0	5.2	3.9	2.8	2.1	3.8
21 Uhr	1.8	1.9	2.5	3.4	4.5	5.9	6.7	6.6	5.7	4.0	2.7	2.0	4.0
Größtes Monats- und Jahresmittel	2.6	2.9	3.1	3.9	5.5	6.2	7.2	7.0	6.2	5.0	3.5	2.6	4.2
Kleinstes Monats- und Jahresmittel	1.3	1.1	1.7	2.6	3.5	4.3	5.5	5.4	4.5	3.2	2.2	1.5	3.3
Bewölkung (Zehntel der Himmelsfläche)													
Tagesmittel	5.3	5.5	5.4	6.0	6.3	6.3	5.9	5.9	5.1	4.8	5.5	5.2	5.6
7 Uhr	5.4	5.7	5.5	5.9	5.9	5.7	5.2	5.4	4.8	4.9	5.6	5.3	5.4
14 Uhr	5.6	5.6	5.5	6.1	6.6	6.5	6.1	6.1	5.3	5.0	5.7	5.5	5.8
21 Uhr	4.9	5.2	5.2	6.1	6.6	6.7	6.3	6.1	5.1	4.5	5.1	4.8	5.6
Größtes Monats- und Jahresmittel	6.8	7.8	7.4	8.4	7.6	7.6	6.8	7.9	6.6	7.0	7.3	7.1	6.4
Kleinstes Monats- und Jahresmittel	2.0	2.5	2.4	4.4	4.5	4.8	4.6	4.4	3.6	2.2	2.3	3.1	5.1
Trübe Tage (Bewölkung ≧ 8)	8.3	8.4	8.8	10.1	10.4	9.6	8.0	8.6	7.2	7.4	8.9	8.6	104.3
Maximum	16	16	16	20	18	15	13	15	14	18	16	16	131
Minimum	2	2	1	3	2	4	0	3	2	1	2	2	78
Heitere Tage (Bewölkung ≦ 2)	7.6	6.2	7.6	4.8	3.2	2.9	3.7	3.9	7.8	9.5	6.8	8.4	72.4
Maximum	20	16	18	9	8	7	8	10	14	19	18	16	107
Minimum	2	0	2	0	1	0	0	0	0	2	1	2	44
Tage mit Nebel	0.3	0.3	0.6	0.7	0.9	0.8	0.3	1.0	0.9	1.0	1.1	0.3	8.2
Sonnenschein													
Stunden	50	81	136	141	157	162	181	166	154	129	57	41	1455
Maximum	75	125	222	174	195	199	219	224	201	185	89	63	1620
Minimum	11	40	94	102	106	103	130	133	112	67	31	22	1275
Effektiv mögliche Dauer, %	55	53	53	52	51	53	59	56	64	63	51	56	56
Niederschlag, mm													
Mittel	35	40	37	39	56	81	87	98	66	39	49	37	757
Maximum	132	116	120	77	104	134	137	208	173	114	118	117	869
Jahr	1951	1946	1944	1963	1965	1957	1946	1966	1960	1960	1966	1954	1966
Minimum	7	1	2	8	24	37	54	36	11	0	2	8	473
Jahr	1964	1949	1953	1947	1951	1962	1962	1959	1959	1943	1953	1957	1969
Tage mit Niederschlag ≧ 0.1 mm	11.2	11.7	12.0	13.8	15.7	17.0	17.8	17.0	12.2	10.0	11.1	11.8	161.3
Maximum	21	24	18	21	23	22	24	23	21	18	20	22	191
Minimum	5	3	3	6	8	11	14	8	5	0	2	5	132
Tage mit Niederschlag ≧ 1.0 mm	6.8	7.5	6.9	8.7	11.8	13.2	13.4	13.9	9.1	6.8	7.8	7.5	113.4
Tage mit Schneefall	10.9	11.6	11.6	10.4	5.2	1.8	0.4	0.3	1.1	4.5	9.0	11.4	78.2
Tage mit Schneedecke	31.0	28.2	29.9	18.1	6.2	1.6	0.3	0.4	1.1	5.5	21.7	29.7	173.7
Tage mit Gewitter	0.0	0.0	0.0	0.0	0.5	1.7	3.0	2.5	0.3	0.0	0.0	0.0	8.0
Häufigkeit der Windrichtungen, %													
N	0	0	0	0	0	0	0	0	0	0	0	0	0
NE	24	27	31	41	44	46	45	41	36	37	26	23	34
E	0	0	0	0	0	0	0	0	0	0	0	0	0
SE	0	0	0	0	0	0	0	0	0	0	0	0	0
S	0	0	0	0	0	0	0	0	0	0	0	0	0
SW	61	58	51	45	41	33	31	36	42	46	58	62	48
W	0	0	0	0	0	0	0	0	0	0	0	0	0
NW	0	0	0	0	0	0	0	0	0	0	0	0	0
Windstille	15	15	18	14	15	21	24	23	22	17	16	15	18
Mittlere Windgeschwindigkeit, m/sec	1.6	1.7	1.7	1.7	1.6	1.5	1.5	1.4	1.4	1.4	1.7	1.5	1.5

Tabelle IX Klimatabelle der Station SCHMITTENHÖHE, 1964 m (1941 - 1970)

Lufttemperatur, °C	Jan.	Febr.	März	April	Mai	Juni	Juli	Aug.	Sept.	Okt.	Nov.	Dez.	Jahr
Mittel	-6.4	-6.1	-3.4	-0.1	4.0	7.6	9.3	9.2	7.8	3.9	-1.2	-4.5	1.7
7 Uhr	-6.8	-6.9	-4.5	-1.1	3.1	6.6	8.5	8.6	6.7	3.0	-1.6	-5.0	0.9
14 Uhr	-5.2	-4.6	-1.9	1.5	5.9	9.4	11.3	11.6	10.0	5.9	0.0	-3.5	3.4
21 Uhr	-6.6	-6.4	-3.7	-0.4	3.5	6.7	8.5	8.8	7.2	3.4	-1.5	-4.7	1.2
Höchstes Monats- und Jahresmittel	-2.4	-0.4	0.0	3.6	7.9	10.2	12.5	12.7	11.3	7.0	2.4	-0.8	2.7
Jahr	1955	1966	1957	1946	1948	1950	1952	1944	1961	1967	1953	1953	1961
Tiefstes Monats- und Jahresmittel	-11.8	-15.1	-8.8	-3.6	0.8	4.8	6.2	7.5	3.4	0.5	-4.4	-8.6	0.4
Jahr	1963	1956	1944	1970	1970	1956	1954	1969	1952	1941	1952	1969	1956 1962
Absolutes Maximum	10.7	12.8	13.8	15.4	21.0	22.3	24.2	24.6	22.7	22.5	15.2	13.0	24.6
Jahr	1955	1950	1948	1947	1969	1947	1950	1952	1947	1970	1966	1970	1952
Absolutes Minimum	-25.0	-28.6	-22.0	-15.2	-12.0	-6.0	-3.5	-3.5	-7.3	-15.3	-17.2	-23.0	-28.6
Jahr	1968	1956	1962	1956	1957	1953	1954	1968	1954	1945	1955	1962	1956
Durchschnittliches tägliches Maximum	-3.3	-2.9	-0.3	3.0	7.4	11.0	13.1	13.2	11.5	7.4	1.7	-1.4	
Durchschnittliches tägliches Minimum	-9.1	-9.0	-6.2	-2.8	0.9	4.2	6.1	6.2	4.6	1.3	-3.8	-7.2	
Frosttage (Minimum ≦ 0°)	30.1	27.1	28.0	20.3	13.0	4.8	1.7	1.7	4.7	11.1	23.2	28.4	194.1
Eistage (Maximum ≦ 0°)	21.6	19.2	15.3	9.2	3.1	0.5	0.1	0.1	0.4	3.5	10.8	18.0	101.8
Relative Luftfeuchtigkeit, %													
Tagesmittel	70	74	74	75	75	78	?	76	73	68	70	70	74
7 Uhr	71	74	75	77	78	82	81	78	75	69	71	70	75
14 Uhr	69	72	72	72	69	72	73	71	67	74	68	68	70
21 Uhr	71	75	75	77	78	81	82	80	75	71	71	70	76
Größtes Monats- und Jahresmittel	87	89	89	91	90	88	90	86	88	84	84	84	80
Kleinstes Monats- und Jahresmittel	50	57	59	54	58	65	70	67	58	50	44	53	65
Dampfdruck, mm Hg.													
Tagesmittel	2.0	2.2	2.6	3.4	4.5	6.1	6.9	6.7	5.8	4.1	2.9	2.3	4.1
7 Uhr	2.0	2.1	2.5	3.3	4.4	6.0	6.7	6.5	5.5	3.9	2.8	2.2	4.0
14 Uhr	2.1	2.3	2.8	3.6	4.7	6.2	7.2	7.1	6.1	4.3	3.0	2.4	4.3
21 Uhr	2.0	2.2	2.6	3.4	4.5	6.0	6.8	6.7	5.7	4.1	2.9	2.2	4.1
Größtes Monats- und Jahresmittel	2.6	3.1	3.3	4.9	5.5	7.6	8.2	8.0	7.9	5.3	3.6	2.9	4.9
Kleinstes Monats- und Jahresmittel	1.5	1.6	1.8	2.8	3.7	5.3	6.0	6.0	4.7	2.8	2.4	1.6	3.7
Bewölkung (Zehntel der Himmelsfläche)													
Tagesmittel	6.5	6.6	6.5	6.9	7.2	7.3	6.9	6.6	5.8	5.3	6.3	6.3	6.5
7 Uhr	6.7	6.7	6.6	6.8	6.7	6.5	5.9	5.9	5.5	5.3	6.4	6.3	6.3
14 Uhr	6.6	6.6	6.7	7.1	7.6	7.6	7.2	6.9	6.0	5.5	6.5	6.4	6.7
21 Uhr	6.2	6.4	6.2	6.8	7.4	7.6	7.4	6.9	5.9	5.0	6.1	6.1	6.5
Größtes Monats- und Jahresmittel	8.1	8.6	9.1	8.3	8.2	8.4	8.0	8.0	7.6	7.9	8.6	8.5	7.4
Kleinstes Monats- und Jahresmittel	2.1	2.6	4.2	5.2	5.8	6.1	5.4	5.5	3.9	2.2	3.3	3.6	5.9
Trübe Tage (Bewölkung ≧ 8)	13.3	12.9	13.3	13.6	14.1	14.8	13.8	12.1	10.1	9.0	11.5	12.7	151.2
Maximum	18	20	24	23	21	20	20	17	18	20	22	23	197
Minimum	3	4	5	7	5	7	7	8	3	2	5	5	119
Heitere Tage (Bewölkung ≦ 2)	4.5	4.2	4.5	2.6	1.3	1.1	2.1	2.9	5.7	7.8	4.3	5.6	46.6
Maximum	20	18	14	7	5	5	4	7	13	17	12	14	76
Minimum	0	0	0	0	0	0	0	0	1	0	1	0	17
Tage mit Nebel	10.7	11.7	12.1	13.0	12.6	13.8	12.2	11.6	9.1	8.1	10.2	11.3	136.4
Sonnenschein													
Stunden	104	109	150	162	181	177	196	201	188	178	112	104	1863
Maximum	210	209	228	249	261	263	254	252	253	277	184	164	2111
Minimum	59	49	51	94	109	128	144	121	131	95	51	39	1626
Effektiv mögliche Dauer, %	39	41	43	42	41	40	43	48	53	55	41	41	44
Niederschlag, mm													
Mittel	98	98	84	94	124	173	199	181	104	78	78	93	1399
Maximum	287	284	267	214	275	306	302	321	180	264	209	216	2078
Jahr	1968	1970	1944	1970	1962	1959	1970	1966	1968	1941	1944	1947	1970
Minimum	11	18	16	14	37	89	108	38	43	4	20	17	910
Jahr	1964	1963	1946	1946	1958	1950	1952	1947	1959	1965	1957	1942	1953
Tage mit Niederschlag ≧ 0.1 mm	14.4	14.0	13.7	15.3	17.0	18.8	19.6	18.1	13.1	9.9	12.2	13.5	179.6
Maximum	21	22	30	22	24	25	24	24	21	20	24	24	222
Minimum	3	3	0	2	10	13	10	11	7	.	3	5	151
Tage mit Niederschlag ≧ 1.0 mm	12.5	12.1	12.1	13.3	14.9	17.1	17.8	16.1	11.9	8.9	10.7	11.8	159.2
Tage mit Schneefall	14.1	13.8	13.3	12.2	6.0	1.7	0.6	0.3	1.4	5.2	10.3	12.8	91.7
Tage mit Schneedecke	30.5	27.9	31.0	28.9	20.5	5.6	1.7	1.1	3.6	11.4	24.9	29.7	216.8
Tage mit Gewitter	0.1	0.1	0.2	0.3	2.4	5.1	6.8	5.2	1.8	0.2	0.1	0.1	22.4
Häufigkeit der Windrichtungen, %													
N	1	1	0	0	1	1	1	1	1	1	1	0	1
NE	5	5	5	6	7	6	4	5	7	6	6	5	5
E	10	11	11	8	12	10	8	10	11	14	12	10	10
SE	5	8	8	9	11	8	5	8	10	12	11	8	9
S	1	1	1	1	1	1	1	1	1	1	1	1	1
SW	7	5	5	8	8	7	8	8	8	11	9	9	8
W	41	40	38	38	33	39	42	37	36	28	36	38	37
NW	21	21	21	20	18	17	18	16	13	16	16	19	18
Windstille	9	8	11	10	9	11	13	14	15	12	8	9	11
Mittlere Windgeschwindigkeit, m/sec	2.9	2.9	2.6	2.6	2.4	2.2	2.1	2.0	2.0	2.2	2.7	2.7	2.6

Tabelle X   Klimatabelle der Station PATSCHERKOFEL, 2045 m (1941 - 1970)

Lufttemperatur, °C	Jan.	Febr.	März	April	Mai	Juni	Juli	Aug.	Sept.	Okt.	Nov.	Dez.	Jahr
Mittel	-6.5	-6.2	-3.8	-0.6	3.4	6.9	9.1	9.0	7.2	3.5	-1.8	-4.9	1.3
7 Uhr	-6.8	-6.9	-4.9	-1.8	2.1	5.6	7.8	7.7	5.9	2.5	-2.4	-5.4	1.2
14 Uhr	-5.5	-5.0	-2.2	0.9	5.3	8.9	11.1	11.1	9.4	5.4	-0.7	-4.0	2.9
21 Uhr	-6.8	-6.5	-4.0	-0.8	3.1	6.5	8.7	8.6	6.8	3.0	-2.1	-5.2	1.2
Höchstes Monats- und Jahresmittel	-2.4	-1.4	1.4	3.1	6.8	9.4	11.5	12.8	10.6	6.4	2.2	-1.6	2.8
Jahr	1955	1966	1957	1946	1958	1950/1957	1952	1944	1961	1943	1953	1955	1957
Tiefstes Monats- und Jahresmittel	-11.7	-13.7	-9.1	-5.4	-1.0	3.1	6.0	5.5	2.6	-0.1	-5.4	-10.2	-1.0
Jahr	1945	1956	1944	1970	1970	1069	1954	1968	1952	1964	1966	1969	1970
Absolutes Maximum	8.1	12.5	13.0	14.7	19.8	22.4	26.7	23.8	21.3	17.9	14.0	9.8	26.7
Jahr	1957	1943	1957	1955	1956	1957	1957	1943	1961	1956	1955	1941/1948	1957
Absolutes Minimum	-25.4	-28.8	-21.5	-16.0	-11.7	-6.7	-3.7	-3.4	-7.5	-12.0	-16.4	-22.7	-28.8
Jahr	1968	1956	1949	1970	1957	1969	1968	1968	1952	1941	1942	1962	1956
Durchschnittliches tägliches Maximum	-4.0	-3.8	-1.2	2.1	6.6	10.4	12.6	12.4	10.5	6.4	0.6	-2.4	
Durchschnittliches tägliches Minimum	-9.1	-8.9	-6.4	-3.4	0.4	3.8	5.9	5.9	4.4	0.9	-4.2	-7.4	
Frosttage (Minimum ≦ 0°)	30.4	27.0	28.4	22.6	14.3	5.1	2.1	1.9	4.6	11.4	24.7	29.3	201.8
Eistage (Maximum ≦ 0°)	23.0	21.2	17.1	10.0	3.2	0.7	0.2	0.1	0.4	3.3	11.8	20.6	111.6

Relative Luftfeuchtigkeit, %	Jan.	Febr.	März	April	Mai	Juni	Juli	Aug.	Sept.	Okt.	Nov.	Dez.	Jahr
Tagesmittel	73	75	75	79	79	80	79	79	76	71	73	72	76
7 Uhr	73	75	76	81	83	84	83	83	79	73	74	73	78
14 Uhr	71	72	72	74	72	73	72	71	68	65	71	70	71
21 Uhr	74	76	77	81	82	83	82	82	80	74	75	73	78
Größtes Monats- und Jahresmittel	83	88	86	89	87	89	85	91	88	84	85	87	83
Kleinstes Monats- und Jahresmittel	43	52	62	62	68	71	67	69	64	36	49	56	69

Dampfdruck, mm Hg.	Jan.	Febr.	März	April	Mai	Juni	Juli	Aug.	Sept.	Okt.	Nov.	Dez.	Jahr
Tagesmittel	2.1	2.2	2.6	3.4	4.6	5.9	6.7	6.7	5.7	4.1	3.0	2.3	4.1
7 Uhr	2.0	2.1	2.5	3.3	4.4	5.7	6.6	6.5	5.5	4.0	2.8	2.2	4.0
14 Uhr	2.2	2.3	2.7	3.5	4.6	6.1	6.9	6.9	5.8	4.2	3.0	2.3	4.2
21 Uhr	2.1	2.2	2.7	3.5	4.6	6.0	6.8	6.8	5.9	4.2	3.0	2.3	4.2
Größtes Monats- und Jahresmittel	3.5	3.0	3.3	4.6	5.3	7.0	7.5	8.7	6.8	5.2	3.6	3.0	4.4
Kleinstes Monats- und Jahresmittel	1.4	1.3	2.0	2.7	3.7	5.2	5.8	5.3	4.6	3.2	2.4	1.6	3.7

Bewölkung (Zehntel der Himmelsfläche)	Jan.	Febr.	März	April	Mai	Juni	Juli	Aug.	Sept.	Okt.	Nov.	Dez.	Jahr
Tagesmittel	5.8	6.2	6.1	6.5	6.7	6.7	6.0	6.0	5.3	5.1	6.0	5.7	6.0
7 Uhr	6.0	6.4	6.3	6.4	6.3	6.4	5.6	5.6	5.2	5.2	6.2	5.8	6.0
14 Uhr	6.0	6.4	6.3	6.8	7.1	6.8	6.1	6.2	5.5	5.4	6.2	5.9	6.2
21 Uhr	5.5	5.9	5.7	6.3	6.6	6.9	6.3	6.1	5.1	4.6	5.6	5.4	5.8
Größtes Monats- und Jahresmittel	7.3	8.3	8.4	8.1	7.9	8.0	7.8	7.7	7.2	7.5	7.9	8.1	6.7
Kleinstes Monats- und Jahresmittel	2.6	2.5	3.8	5.2	5.3	4.9	0.7	4.3	3.1	2.6	4.1	3.7	5.3
Trübe Tage (Bewölkung ≧ 8)	8.9	10.4	10.0	11.4	11.3	10.8	9.8	8.7	7.0	7.7	8.7	8.8	113.5
Maximum	17	20	18	17	20	18	17	15	15	17	18	15	143
Minimum	2	3	4	6	4	5	4	3	1	0	3	1	77
Heitere Tage (Bewölkung ≦ 2)	4.9	4.3	4.5	3.1	1.7	1.6	2.3	3.6	6.0	7.3	4.2	5.9	49.4
Maximum	10	16	15	7	6	6	7	10	13	18	12	14	76
Minimum	0	0	0	0	0	0	0	0	0	0	0	1	30
Tage mit Nebel	11.1	11.5	11.3	12.8	12.5	12.6	11.7	11.4	8.5	7.5	10.4	11.5	132.9

Sonnenschein	Jan.	Febr.	März	April	Mai	Juni	Juli	Aug.	Sept.	Okt.	Nov.	Dez.	Jahr
Stunden	87	94	139	164	187	189	223	214	186	150	92	84	1807
Maximum	135	139	207	243	252	276	278	286	252	246	154	134	2014
Minimum	50	52	73	105	114	112	143	146	128	75	51	29	1585
Effektiv mögliche Dauer, %	53	50	52	45	43	41	49	51	61	66	53	56	50

Niederschlag, mm	Jan.	Febr.	März	April	Mai	Juni	Juli	Aug.	Sept.	Okt.	Nov.	Dez.	Jahr
Mittel	43	47	47	62	72	117	134	132	81	51	52	47	884
Maximum	137	139	145	162	124	258	253	226	155	165	140	101	1234
Jahr	1968	1970	1967	1950	1956	1956	1953	1957	1943	1956	1944	1954	1956
Minimum	2	4	7	15	38	40	73	59	20	1	5	11	563
Jahr	1964	1963	1953	1946	1952	1949	1940	1947	1961	1965	1953	1942	1949
Tage mit Niederschlag ≧ 0.1 mm	13.7	13.9	13.8	15.0	16.9	19.0	19.1	17.6	13.6	10.3	12.3	12.9	178.1
Maximum	21	25	25	22	23	25	24	25	20	23	20	24	222
Minimum	3	3	5	8	8	13	14	10	7	2	2	6	140
Tage mit Niederschlag ≧ 1.0 mm	8.7	9.8	9.6	10.6	12.0	14.9	14.8	13.8	9.8	6.9	8.3	8.6	127.8
Tage mit Schneefall	13.5	13.2	13.8	12.9	7.2	2.2	1.0	0.9	1.4	5.0	10.7	12.3	94.1
Tage mit Schneedecke	30.1	27.9	29.4	24.3	13.0	3.5	1.0	1.1	2.1	7.6	22.7	27.3	190.0
Tage mit Gewitter	0.0	0.0	0.1	0.5	1.9	5.4	8.0	5.4	1.8	0.2	0.0	0	23.3

Häufigkeit der Windrichtungen, %	Jan.	Febr.	März	April	Mai	Juni	Juli	Aug.	Sept.	Okt.	Nov.	Dez.	Jahr
N	8	9	12	13	12	15	17	12	11	6	8	8	11
NE	9	8	12	15	18	20	20	17	15	11	8	10	14
E	7	6	6	7	7	8	9	8	8	8	6	6	8
SE	4	3	3	4	5	7	4	4	5	6	4	4	5
S	34	36	33	31	29	23	18	27	32	38	43	38	30
SW	7	7	5	6	6	5	5	5	6	7	6	6	6
W	9	10	9	6	6	6	6	6	6	6	7	8	7
NW	14	15	13	11	11	13	14	13	9	11	10	12	11
Windstille	8	6	7	7	6	7	7	8	8	7	8	8	8
Mittlere Windgeschwindigkeit, m/sec	4.5	4.7	4.4	4.5	4.2	3.5	3.1	3.5	3.8	4.3	4.9	4.7	4.6

Tabelle XI   Klimatabelle der Station SONNBLICK, 3106 m (1941 - 1970)

Lufttemperatur, °C	Jan.	Febr.	März	April	Mai	Juni	Juli	Aug.	Sept.	Okt.	Nov.	Dez.	Jahr
Mittel	-13.4	-13.3	-11.2	-7.9	-3.9	-0.6	1.5	1.5	-0.2	-3.6	-8.0	-11.5	-5.9
7 Uhr	-13.6	-13.6	-11.7	-8.6	-4.5	-1.2	0.9	0.9	-0.7	-3.9	-8.3	-11.7	-6.3
14 Uhr	-13.0	-12.7	-10.3	-6.9	-2.8	0.4	2.6	2.5	0.7	-3.0	-7.6	-11.1	-5.1
21 Uhr	-13.4	-13.4	-11.3	-8.1	-4.1	-0.8	1.3	1.3	-0.4	-3.8	-8.2	-11.6	-6.0
Höchstes Monats- und Jahresmittel	-9.9	-8.5	-7.4	-4.8	-0.3	1.5	3.9	4.4	2.8	-1.0	-2.1	-8.4	-5.0
Jahr	1955	1966	1957	1949 1961	1958	1950	1952	1944	1961	1967	1966	1951	1948 1961
Tiefstes Monats- und Jahresmittel	-18.5	-21.0	-16.3	-10.7	-6.7	-2.8	-0.9	-0.4	-3.6	-6.9	-11.7	-15.3	-7.1
Jahr	1963	1956	1944	1958	1941	1962	1954	1968	1952	1941	1952	1969	1956
Absolutes Maximum	1.0	2.4	3.9	5.0	9.4	12.0	14.2	12.4	10.0	10.0	10.0	1.4	14.2
Jahr	1957	1950	1968	1959	1945	1950	1952	1964	1961	1966	1966	1953	1952
Absolutes Minimum	-34.3	-32.4	-30.2	-24.6	-20.0	-14.4	-10.0	-9.7	-16.0	-20.3	-25.6	-30.9	-34.3
Jahr	1968	1956	1949	1956	1957	1962	1960	1968	1954	1941	1957	1962	1968
Durchschnittliches tägliches Maximum	-11.0	-10.8	-8.8	-5.6	-1.6	1.5	3.9	3.8	2.0	-1.6	-5.9	-9.2	
Durchschnittliches tägliches Minimum	-15.9	-15.7	-13.5	-10.3	-6.2	-2.8	-0.8	-0.7	-2.3	-5.7	-10.3	-13.8	
Frosttage (Minimum ≦ 0°)	31.0	28.2	31.0	30.0	29.5	22.7	16.9	17.6	20.8	28.9	30.0	31.0	317.6
Eistage (Maximum ≦ 0°)	30.9	28.1	30.7	28.0	21.7	10.2	5.3	4.6	8.0	19.9	28.3	30.7	246.4

Relative Luftfeuchtigkeit, %	Jan.	Febr.	März	April	Mai	Juni	Juli	Aug.	Sept.	Okt.	Nov.	Dez.	Jahr
Tagesmittel	13	14	16	23	32	41	47	47	39	27	21	15	28
7 Uhr	13	13	15	21	29	37	43	42	35	26	20	15	26
14 Uhr	14	14	18	25	34	44	51	51	43	30	22	16	30
21 Uhr	13	13	16	23	32	42	48	48	40	27	21	15	28
Größtes Monats- und Jahresmittel	92	93	92	92	94	97	94	97	93	91	92	94	89
Kleinstes Monats- und Jahresmittel	51	53	66	76	81	86	83	83	72	62	61	61	79

Dampfdruck, mm Hg.	Jan.	Febr.	März	April	Mai	Juni	Juli	Aug.	Sept.	Okt.	Nov.	Dez.	Jahr
Tagesmittel	1.3	1.4	1.6	2.3	3.2	4.1	4.7	4.7	3.9	2.7	2.1	1.5	2.8
7 Uhr	1.3	1.3	1.5	2.1	2.9	3.7	4.3	4.2	3.5	2.6	2.0	1.5	2.6
14 Uhr	1.4	1.4	1.8	2.5	3.4	4.4	5.1	5.1	4.3	3.0	2.2	1.6	3.0
21 Uhr	1.3	1.3	1.6	2.3	3.2	4.2	4.8	4.8	4.0	2.7	2.1	1.5	3.8
Größtes Monats- und Jahresmittel	2.0	1.9	2.2	3.0	3.8	4.7	5.1	5.8	4.7	3.6	3.6	1.9	3.0
Kleinstes Monats- und Jahresmittel	0.8	0.7	1.1	1.8	2.6	3.5	4.1	4.0	3.2	1.9	1.6	1.1	2.5

Bewölkung (Zehntel der Himmelsfläche)	Jan.	Febr.	März	April	Mai	Juni	Juli	Aug.	Sept.	Okt.	Nov.	Dez.	Jahr
Tagesmittel	6.7	7.0	7.0	7.6	8.0	8.1	7.6	7.3	6.5	6.0	6.8	6.6	7.1
7 Uhr	6.7	7.0	7.0	7.2	7.4	7.4	6.6	6.4	5.8	5.9	6.8	6.5	6.7
14 Uhr	6.9	7.3	7.3	8.0	8.4	8.3	8.1	8.0	7.1	6.5	7.1	6.8	7.5
21 Uhr	6.3	6.5	6.7	7.6	8.3	8.4	8.2	7.6	6.4	5.7	6.5	6.4	7.1
Größtes Monats- und Jahresmittel	8.9	8.8	9.1	8.9	9.4	9.3	9.1	9.4	8.8	8.4	9.0	8.6	8.2
Kleinstes Monats- und Jahresmittel	2.6	2.9	5.2	5.8	6.7	7.3	6.3	5.9	4.2	2.7	5.0	4.9	6.5

Trübe Tage (Bewölkung ≧ 8)	13.1	13.5	15.2	16.5	18.7	17.8	15.7	14.7	11.9	12.3	12.9	13.2	175.5
Maximum	24	20	24	24	31	22	24	27	22	21	25	20	230
Minimum	3	3	5	7	11	12	6	6	4	1	5	5	134

Heitere Tage (Bewölkung ≦ 2)	4.2	3.2	3.6	1.9	0.7	0.6	1.2	1.7	3.9	6.2	3.1	4.2	34.5
Maximum	17	15	9	5	4	2	3	6	11	15	7	11	57
Minimum	0	0	0	0	0	0	0	0	0	0	0	0	12

Tage mit Nebel	20.8	20.8	22.7	24.7	27.1	26.5	27.1	26.7	23.2	18.8	20.8	20.5	279.7

Sonnenschein	Jan.	Febr.	März	April	Mai	Juni	Juli	Aug.	Sept.	Okt.	Nov.	Dez.	Jahr
Stunden	124	122	162	159	167	169	189	182	195	173	123	122	1922
Maximum	211	222	240	227	224	226	257	236	256	245	203	171	1982
Minimum	68	56	85	87	84	87	98	62	104	79	59	40	1437
Effektiv mögliche Dauer, %	44	41	44	40	37	37	41	42	52	50	42	46	43

Niederschlag, mm	Jan.	Febr.	März	April	Mai	Juni	Juli	Aug.	Sept.	Okt.	Nov.	Dez.	Jahr
Mittel	102	94	111	141	130	124	137	139	91	92	104	100	1354
Maximum	267	204	244	252	492	219	211	357	178	247	256	205	2100
Jahr	1951	1970	1967	1956	1962	1962	1955	1966	1952	1958	1951	1966	1962
Minimum	27	16	19	18	23	36	76	41	18	1	24	26	771
Jahr	1947	1942	1942	1946	1950	1949	1951	1947	1959	1965	1953	1946	1942
Tage mit Niederschlag ≧ 0.1 mm	15.6	15.0	15.6	17.1	17.9	19.4	19.4	19.1	14.1	12.3	15.5	14.7	195.7
Maximum	24	25	24	25	25	25	27	29	21	21	25	22	241
Minimum	2	2	6	10	9	11	14	12	7	5	6	7	156
Tage mit Niederschlag ≧ 1.0 mm	12.5	12.4	13.7	15.0	15.0	16.4	17.1	16.5	12.3	10.5	13.1	12.8	167.3
Tage mit Schneefall	15.9	15.0	15.6	17.0	17.3	12.7	7.6	7.5	7.8	11.5	15.4	14.7	158.0
Tage mit Schneedecke	31.0	28.2	31.0	30.0	31.0	30.0	31.0	30.5	28.6	26.9	30.0	30.0	358.2
Tage mit Gewitter	0	0	0	0.3	1.2	4.7	7.9	5.5	2.0	0.1	0.1	0.0	21.8

Häufigkeit der Windrichtungen, %	Jan.	Febr.	März	April	Mai	Juni	Juli	Aug.	Sept.	Okt.	Nov.	Dez.	Jahr
N	22	23	22	21	20	24	24	18	18	18	19	21	21
NE	12	12	13	13	11	11	10	9	9	8	8	12	11
E	4	3	3	3	3	2	3	2	2	3	3	3	3
SE	2	2	2	1	2	1	2	1	1	3	2	3	2
S	4	5	6	6	7	8	7	8	8	9	7	5	6
SW	19	19	21	22	24	23	22	26	27	26	25	21	23
W	19	18	17	19	20	16	17	21	21	19	21	21	19
NW	17	17	15	14	12	14	15	13	13	13	14	14	14
Windstille	1	1	1	1	1	1	1	2	1	1	1	0	1
Mittlere Windgeschwindigkeit, m/sec	6.9	7.6	6.9	6.3	5.7	5.2	4.9	5.2	5.6	6.2	7.3	7.2	6.6

Tabelle XII   Luftdruck, mm Hg (1mm = 4/3 mb)

	Jan.	Febr.	März	April	Mai	Juni	Juli	Aug.	Sept.	Okt.	Nov.	Dez.	Jahr
SCHÖCKL, 1439 m (1941 - 1970)													
Mittel	636.8	637.3	638.7	640.0	641.5	643.1	644.1	644.0	644.4	643.6	639.7	638.5	640.9
Größtes Monats- und Jahresmittel	646.6	648.1	646.4	640.1	645.5	645.3	649.0	648.2	647.6	645.9	646.5	645.1	643.1
Jahr	1964	1959	1948	1947	1944	1950	1967	1944	1963	1969	1953	1948	1943
Kleinstes Monats- und Jahresmittel	610.2	631.2	633.7	636.1	639.2	640.4	641.4	641.4	641.1	639.4	633.6	634.2	638.4
Jahr	1962	1955	1962	1956	1951	1969	1954	1968	1952	1966	1949	1965	1962
Absolutes Maximum	655.6	655.9	654.6	651.0	654.7	652.2	652.8	653.2	653.8	653.5	653.1	654.3	655.9
Jahr	1949	1959	1961	1947	1944	1946	1946	1944	1953	1947	1958	1963	1959
Absolutes Minimum	620.2	619.8	618.2	622.6	628.0	628.4	633.8	632.2	629.2	622.5	617.5	617.2	617.2
Jahr	1965	1962	1970	1962	1951	1958	1948	1968	1955	1959	1969	1962	1962
FEUERKOGEL, 1592 m (1941 - 1970)													
Mittel	625.4	624.7	626.3	627.6	629.5	631.5	632.2	631.8	632.4	631.0	627.2	625.7	628.6
Geößtes Monats- und Jahresmittel	634.1	635.3	633.1	632.2	632.0	634.4	635.0	634.2	634.2	634.3	629.9	630.2	631.1
Jahr	1964	1959	1945	1947	1945	1969	1944	1941	1969	1942	1943	1943
Kleinstes Monats- und Jahresmittel	620.6	618.0	621.2	623.7	626.5	629.2	629.1	629.6	629.6	626.8	623.5	622.0	627.3
Jahr	1941	1955	1962	1956	1941	1969	1954	1956	1965	1944	1965	1958	1960
Absolutes Maximum	641.0	643.5	642.3	639.4	642.5	640.7	640.6	639.7	640.8	641.4	641.0	641.6	643.5
Jahr	1944	1959	1968	1947	1943	1943	1946	1959	1965	1969	1967	1954	1959
Absolutes Minimum	606.5	605.5	607.2	610.5	617.0	617.4	622.4	619.3	618.2	610.0	607.7	604.9	604.9
Jahr	1941	1955	1954	1962	1958	1958	1954	1956	1955	1959	1969	1962	1962
HOCHSERFAUS, 1815 m (1941 - 1970)													
Mittel	608.8	608.3	609.6	610.6	612.3	614.5	615.3	614.9	615.0	613.6	610.0	608.7	611.9
Größtes Monats- und Jahresmittel	616.1	618.4	618.3	615.2	615.1	619.5	617.9	617.1	617.1	617.0	616.7	614.4	614.7
Jahr	1964	1959	1948	1947	1956	1966	1969	1949	1949	1969	1953	1948	1949
Kleinstes Monats- und Jahresmittel	603.6	601.3	604.1	606.6	609.6	611.2	613.1	612.7	611.6	608.2	606.3	603.3	610.5
Jahr	1945	1947	1962	1950	1951	1953	1966	1945	1952	1960	1965	1950	1960
Absolutes Maximum	625.1	627.0	625.3	622.8	624.0	622.8	623.4	622.6	623.1	624.3	623.5	625.5	627.0
Jahr	1949	1959	1948	1947	1943	1946	1946	1961	1953	1969	1948	1954	1959
Absolutes Minimum	590.6	589.5	590.8	594.7	599.6	600.8	606.2	605.0	600.5	593.5	592.1	590.1	589.5
Jahr	1965	1955	1965	1962	1943	1953	1961	1956	1952	1959	1969	1957	1955
VENT, 1904 m (1949 - 1970)													
Mittel	602.8	601.5	602.7	603.8	605.8	608.2	609.3	608.6	608.9	607.7	603.8	601.9	605.4
Größtes Monats- und Jahresmittel	610.7	609.9	611.4	607.6	608.9	610.1	611.9	611.1	611.1	611.3	610.6	607.1	607.2
Jahr	1964	1949	1953	1949	1956	1952	1969	1949	1949	1969	1953	1951	1949
Kleinstes Monats- und Jahresmittel	599.6	595.1	597.6	600.5	602.1	605.7	607.1	606.4	605.6	602.7	600.0	597.2	604.3
Jahr	1963	1955	1962	1950	1957	1963	1965	1956	1952	1960	1965	1950	1963
Absolutes Maximum	619.0	619.0	618.2	614.1	615.3	616.8	617.1	616.9	617.3	618.8	616.9	618.8	619.0
Jahr	1949	1958	1962	1969	1956	1952	1952	1959	1953	1969	1953	1954	1958
Absolutes Minimum	585.5	583.1	584.6	588.1	594.1	594.1	600.4	598.1	595.0	586.5	586.6	583.8	583.1
Jahr	1969	1955	1970	1962	1954	1958	1962	1956	1955	1959	1969	1957	1955
PATSCHERKOFEL, 2045 m (1949 - 1966)													
Mittel	593.3	592.1	593.7	594.7	596.9	599.3	600.3	600.1	599.9	598.0	594.6	592.9	596.3
Größtes Monats- und Jahresmittel	605.7	601.4	605.2	606.0	608.6	608.6	608.5	608.8	609.3	608.1	605.2	606.3	605.7
Jahr	1957	1959	1957	1955	1956	1957	1957	1955	1956	1957	1955	1956	1957
Kleinstes Monats- und Jahresmittel	588.6	580.0	586.4	589.9	587.6	592.3	596.0	595.9	594.9	590.9	589.6	586.3	593.2
Jahr	1963	1953	1962	1950	1954	1963	1966	1963	1952	1960	1949	1950	1963
Absolutes Maximum	616.5	613.2	609.8	612.1	614.5	615.4	615.0	615.2	613.7	616.1	613.4	612.9	616.5
Jahr	1957	1957	1957	1955	1956	1957	1957	1956	1956	1956	1957	1957	1957
Absolutes Minimum	572.7	573.1	573.6	577.0	583.0	584.2	589.2	588.2	583.7	576.1	576.3	573.5	572.7
Jahr	1965	1953	1965	1962	1958	1953	1966	1965	1952	1959	1949	1952	1965
SONNBLICK, 3106 m (1941 - 1970)													
Mittel	514.9	514.7	516.6	518.7	521.5	524.5	526.0	525.7	525.4	522.9	518.3	516.0	520.4
Größtes Monats- und Jahresmittel	522.1	528.4	525.3	524.0	525.3	527.5	528.5	528.0	528.3	526.1	525.5	522.4	522.5
Jahr	1964	1959	1948	1947	1958	1950	1952	1944	1949	1969	1953	1948	1953
Kleinstes Monats- und Jahresmittel	509.2	508.6	510.0	514.5	517.4	521.4	523.1	523.2	521.5	518.0	514.0	511.3	518.4
Jahr	1945	1956	1962	1965	1941	1969	1966	1968	1952	1944	1965	1969	1965
Absolutes Maximum	533.3	533.5	532.1	531.5	533.3	533.1	534.1	535.2	534.1	533.8	532.9	531.9	532.2	535.2
Jahr	1949	1959	1948	1947	1943	1946	1952	1959	1947	1947	1947	1954	1952
Absolutes Minimum	497.6	496.2	499.1	502.8	509.4	509.4	513.8	513.9	511.1	503.1	500.1	499.6	496.2
Jahr	1941	1956	1970	1962	1953	1953	1970	1969	1955	1964	1969	1952	1956

Kanzelhöhe ab 1928: 82 mm Juli 1933, 7 mm Dez. 1940, 867 mm Jahr 1932;
Galtür ab 1896: 0 mm Mai 1896 und Nov. 1920, 49 mm Juni 1914, 2 mm Okt. 1920;
Feuerkogel ab 1929: 49 mm März 1936, 15 mm Dez. 1932;
Hahnenkamm ab 1929: 9 mm Febr. 1929, 44 mm Mai 1931, 70 mm Juni 1940, 7 mm Dez. 1932;
Hochserfaus ab 1927: 7 mm Febr. 1930, 9 mm März 1936, 39 mm Juni 1932, 4 mm Dez. 1932;
Vent 1901 bis 1926 und ab 1931: 4 mm Jan. 1925, 31 mm Juni 1932, 32 mm Juli 1923, 18 mm Aug. 1936, 7 mm Dez. 1932;
Schmittenhöhe 1901 bis 1927 und ab 1930: 12 mm Febr. 1930, 34 mm Mai 1923, 83 mm Juni 1940, 54 mm Juli 1923, 3 mm Okt. 1908, 7 mm Nov. 1920, 14 mm Dez. 1932;
Villacher Alpe ab 1925: 0 mm Febr. und März 1928, 73 mm Juni 1932, 4 mm Dez. 1940, 885 mm Jahr 1932;
Sonnblick ab 1891: 52 mm Juli 1923, 15 mm Nov. 1920.

Daraus ist ersichtlich, daß die extremsten Monatsmittel des Niederschlags zeitlich und räumlich bedeutend unregelmäßiger verteilt sind als die extremsten Monatsmittel der Temperatur.

Im Jahresgang des Niederschlags sind zwei Abschnitte festzustellen: an den Höhenstationen der Nordalpen und der nördlichen Zentralalpen ändern sich die Monatsniederschlagssummen von Oktober bis April nicht viel. Dann beginnt aber eine starke Zunahme bis zu einem Maximum im Juli. Dieses Maximum wird in den westlichen Teilen der Tiroler Zentralalpen im August noch ein wenig übertroffen. Von dem Maximum erfolgt ein steiler Abfall zum September und weiterhin weniger stark zum Oktober. In den Südalpen beginnt die Zunahme der Niederschläge bereits im April, das Maximum wird dort im Juli erreicht; die Abnahme zum Oktober erfolgt langsamer als im Norden, und im westlichen Teil Kärntens wird im November ein deutliches sekundäres Maximum erreicht, das durch die von Oberitalien übergreifenden Herbstregen verursacht wird.

Dem Betrag nach sind die Niederschlagsmengen in den verschiedenen Höhenstationen sehr unterschiedlich. Den meisten Niederschlag in allen Monaten erhalten die Stationen im Randgebiet der Nordalpen Feuerkogel, Schmittenhöhe und Hahnenkamm, wo sich die Stauwirkung deutlich auswirkt. Bedeutend weniger Niederschlag fällt an allen Höhenstationen der Tiroler Zentralalpen westlich der Brennerlinie. Wie in den Nord- und Zentralalpen nehmen auch in den Südalpen in allen Monaten die Niederschlagsmengen mit der Höhe regional unterschiedlich zu.

Mehr als die Niederschlagsmengen sind für Touristen die Niederschlagshäufigkeiten von Interesse, die durch die Angabe der Zahl der Tage mit Niederschlag in erster Linie charakterisiert werden können, wobei allerdings berücksichtigt werden muß, daß jeder Tag, an dem auch nur kurze Zeit Niederschlag gefallen ist, als Niederschlagstag gezählt wird. Wenn man dabei die Tage mit weniger als 1 mm Niederschlag ausschließt, kommt man mehr auf die Tage, die als eigentliche Niederschlagstage zu betrachten sind, obwohl auch an diesen Tagen besonders im Sommerhalbjahr bei Gewittern in nur kurzer Zeit ergiebiger Niederschlag gefallen sein kann und der Tag für den Touristen oder Urlauber nicht als eigentlicher Schlechtwettertag bewertet werden muß.

In den Nordalpen und nördlichen Zentralalpen ist auch die Zahl der Tage mit 1 mm oder mehr Niederschlag in den einzelnen Monaten von Dezember bis März an den einzelnen Stationen nicht viel voneinander verschieden, von März bis zum Maximum im Juli erfolgt aber eine starke Zunahme der Zahl der Tage mit Niederschlag, der dann eine noch raschere Abnahme bis zum Minimum im Oktober folgt. Darauf nimmt die Zahl der Niederschlagstage wieder mäßig zu. In den Monaten Dezember bis März ist die Zahl der Tage mit Niederschlag über 1 mm an den Randstationen Feuerkogel, Schmittenhöhe und Hahnenkamm wieder bedeutend größer als an den Höhenstationen der Tiroler Zentralalpen westlich der Brennerlinie, während im Sommer die Unterschiede zwischen beiden

Gruppen nur halb so groß sind wie im Winter. Auch in den Südalpen zeigen die Häufigkeiten von Niederschlagstagen über 1 mm von Dezember bis März keine großen Unterschiede. Die Zunahme zum Sommer hin erfolgt anfangs rascher als im Norden, und das Maximum der Niederschlagstage wird dort bereits im Juni erreicht, worauf eine langsamere Abnahme zum Minimum im Oktober folgt. Wie bei den Niederschlagsmengen ist auch bei der Zahl der Tage mit Niederschlag im November im westlichen Kärnten ein sekundäres Maximum deutlich ausgeprägt. Auf dem Sonnblickgipfel am Kamm der Hohen Tauern ist naturgemäß die Zahl der Niederschlagstage in allen Monaten wesentlich größer als auf den Höhenstationen der Südalpen, aber im Sommer sogar noch etwas kleiner als an den Randstationen der Nordalpen. Das Maximum der Zahl der Niederschlagstage tritt auf dem Sonnblick wie im Norden im Juli ein, ist aber nicht viel größer als die Zahl der Niederschlagstage in den benachbarten Monaten Juni und August. Die Abnahme zum Minimum im Oktober erfolgt sehr rasch, worauf wieder die Zahl der Niederschlagstage zu einem sekundären Maximum im November zunimmt.

Es sei auch noch auf die Zahl der Tage mit Schneedecke hingewiesen. Diese ist in den verschiedenen Teilgebieten natürlich in den Höhenlagen größer als in niedrigeren Lagen, weist aber regional große Unterschiede auf. So beginnt z. B. in den Nordalpen in von der Stauwirkung betroffenen Gebieten wie auf der Schmittenhöhe und auf dem Feuerkogel die Schneedecke im allgemeinen früher und dauert länger als in den niederschlagsarmen Gebieten der nördlichen Zentralalpen westlich der Brennerlinie. In den Südalpen beginnt die Schneedecke im allgemeinen später und endet früher als in den Nordalpen. In den Monaten Januar bis März gibt es an den Stationen über 2000 m Höhe an allen oder an fast allen Tagen eine Schneedecke. Auf dem Sonnblickgipfel ist nur von August bis Oktober nicht an allen Tagen eine Schneedecke vorhanden.

Tab. 12 enthält die durchschnittlichen und extremen Monats- und Jahresmittel und die in dem Zeitabschnitt von 1941 bis 1970 an den Stationen Schöckl, Feuerkogel, Hochserfaus, Vent, Patscherkofel und Sonnblick beobachteten absolut größten und kleinsten Luftdruckwerte und gibt damit eine Übersicht über die Jahresgänge und Schwankungsweiten des Luftdrucks an Höhenstationen der Ostalpen.

Geomorphologische Bewertung des Hollersbachtales für den Naturpark Hohe Tauern

Von Erich Stocker, Salzburg

Mit 7 Karten

Zur Grundlegung der Idee des Nationalparks Hohe Tauern befassen sich bereits Diskussionsgrundlagen sowie allgemeine Satzungen [1, 4, 5, 7, 8].

Am Beispiel des Hollersbachtals in den westlichen Hohen Tauern soll die geomorphologische Wertigkeit für das Naturparkprojekt studiert werden. Die erste Überlegung eines Naturschutzgebietes in einem Hochgebirge wie den Hohen Tauern geht davon aus, daß die Hochgebirgsnatur vorgeführt und geschützt werden soll; die Grenzen der Kerngebiete können allerdings sehr tief herunter gehen, denn zur Hochgebirgsnatur gehört in den Alpen auch die große Reliefenergie. Neben den Voraussetzungen hoher Lagen und Reliefenergie spielt für die Abgrenzung von Kernräumen wohl der Formenschatz oder das Relief überhaupt eine erstrangige Rolle. Sicherlich müssen andere Naturerscheinungen aber auch Erscheinungen der Kulturlandschaft berücksichtigt werden, doch als Leitlinien zur Abgrenzung von Kernräumen dienen in diesem Falle primär geomorphologische Parameter.

Für das Hollersbachtal wurde mit Hilfe von Kartierungen, die durch Kartenauswertung, Luftbildauswertung und Geländebegehungen zustande kamen, die Grundlage für eine Wertigkeitseinstufung des Reliefs geschaffen. Die Wertigkeitsskala wurde der Einheitlichkeit halber vierteilig entwickelt mit individueller schematischer Festsetzung der Schwellenwerte. Hangneigung und Reliefenergie, Bewegtheit des Reliefs und Formeninventar wurden dabei auf dieselbe Stufe gestellt und eine graphische, nicht auf Planquadraten und Wertigkeitsziffern beruhende Durchführungsmethode gewählt.

1. Reliefenergie, Hangneigungen

Mit der Reliefenergie, hier verstanden als Höhenunterschied zwischen Tälern und benachbarten Kämmen, steigt und fällt der Gebirgscharakter. Nach H. Kiemstedt ([3] S. 25) kann die Reliefenergie, ausgedrückt in Zahlenwerten, zwar kaum die Eigenarten der Oberflächenformen darstellen, doch ein hoher Wert ist allerdings Voraussetzung für die Großartigkeit eines Gebirgsreliefs. Für das Hollersbachtal liegen die Werte zwischen 900 und 1600 m Höhendifferenz zwischen Tälern und Kämmen (Graukogel-Edelweißhütte, 1615 m, Kratzenberg K.-Kratzenberg See 861 m). Die Karte der relativen Höhen (nach V. Paschinger 1934) zeigt hohe Reliefenergie mit enger Scharung der Linien gleichen Höhenunterschieds vor allem im Bereich des gesamten Trogtals, aber auch in den beiden Talschlußkaren. Im Vergleich zu anderen Gebieten der Hohen Tauern sind die Werte als durchschnittlich zu bezeichnen.

Abgesehen von der gegebenen Voraussetzung einer genügenden Reliefenergie, sind die Böschungsverhältnisse im einzelnen von entscheidender Bedeutung. Nach der Bö-

Karte 2
Wertigkeit nach Böschungen

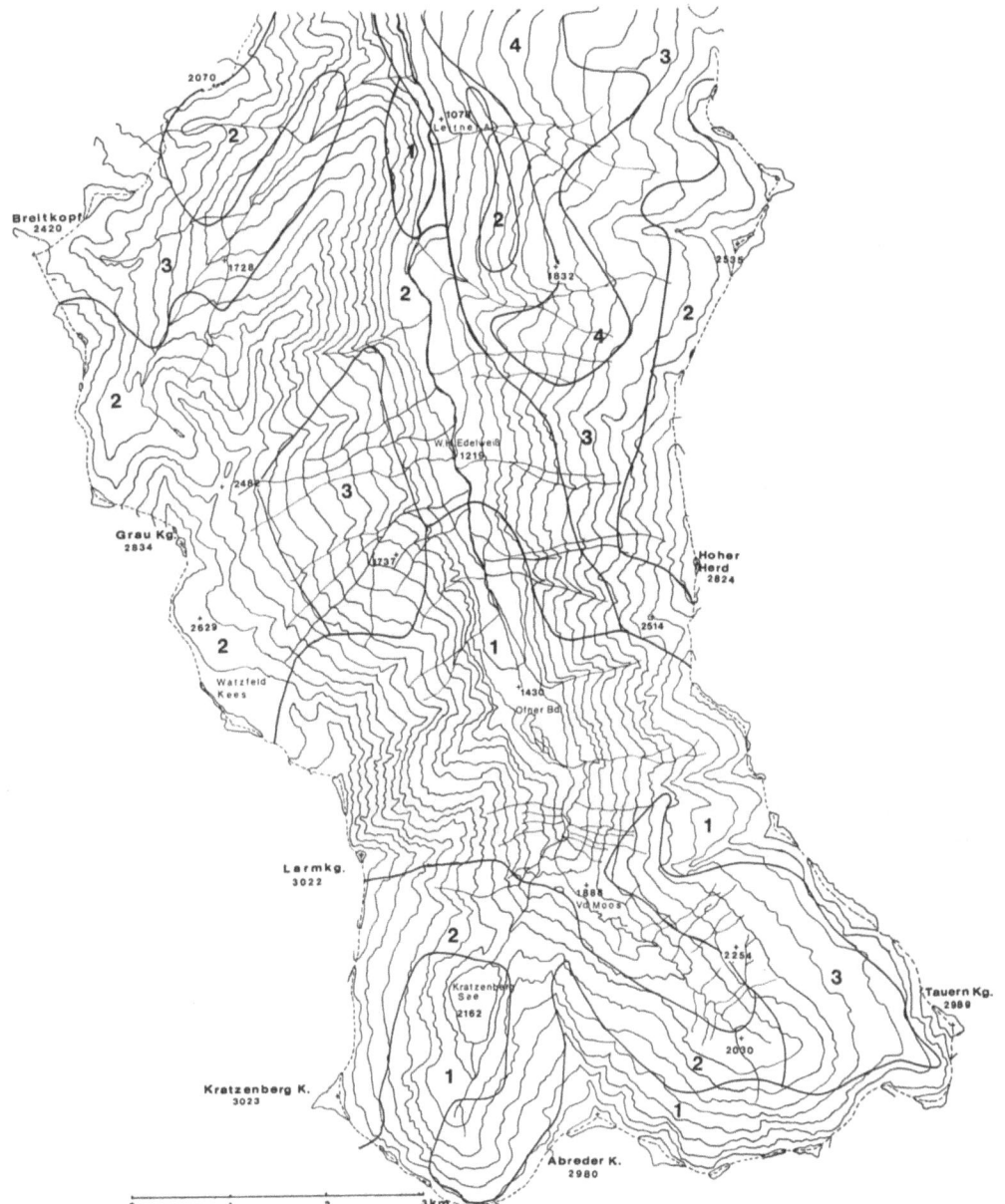

schungswinkelkarte (Karte 1) konnte folgende Typisierung nach Wertigkeitsklassen getroffen werden:

I = Sehr steiles Gelände über 40°, stark von Felswänden durchsetzt, unterbrochen von flacheren Hangpartien sowie ebenes oder sehr flaches Gelände (0—5°).
II = Steilgelände (über 40°) durchsetzt von flacheren Hängen, wenige Felspartien.
III = Verschieden steile Böschungen mit Anteilen von 5—20°, 20—40° und über 40°.
IV = Hoher Anteil von Hängen zwischen 20 und 40°, teils flacheres Gelände.

Felsgelände und sehr steile Hänge über 40° sind ein wesentlicher und eindrucksvoller Bestandteil des Hochgebirges, daher kann der ganze Umkreis von Felsarealen besonders hoch bewertet werden. Die sehr flachen Geländeteile, welche nur einen geringen Prozentsatz an Fläche ausmachen, sind schon wegen ihrer Seltenheit im Hochgebirge hoch einzustufen. Begibt man sich in das zentrale Hochgebirge, so führt der Weg durch die flachen Talstücke und Kare. Von hier aus ist eine weitgehend sichere und unschwierige Betrachtung der Hochgebirgsnatur möglich. Sie sind nicht nur am häufigsten begangen, sondern verlocken auch zu etwas längerem Aufenthalt. An vorgeschobener oder zentraler Position bieten sich hier auch leicht zugängliche und schöne Aussichtspunkte.

Hänge von 20—40° Neigung sind dagegen in vielen Gebirgen verbreitet und wurden demnach geringer wertig eingestuft.

Schon aus Karte 1 ist eine gebietsmäßig verschieden strukturierte Böschungszusammensetzung abzulesen. Die Auswertung nach den Gesichtspunkten der Wertigkeit zeigt Karte 2, wo als schützenswertestes Gebiet der Talabschnitt ab etwa der Edelweißhütte erscheint. Schwerpunkte wenig markant geböschter Hänge liegen an der rechten Talseite im Waldbereich, bei den Lachalmen, bei der Marchegg bis Scharer A. und beim Hochbirg sowie bei der Scharrn A.

2. Reliefgegensätze, Wölbungen

Wenn zwar große Reliefenergie gegeben ist, die Hänge jedoch ungegliedert unter mittlerem Böschungswinkel zu einem V-Tal abfallen, übt das Relief im allgemeinen weniger Anziehung auf den Betrachter aus. Der Eindruck von einer Tallandschaft wird durch

---

ZEICHENSCHLÜSSEL FÜR KARTE DER RELIEFGEGENSÄTZE
UND MORPHOGRAPHISCHE KARTE

----	Höhenlinien		Gletscher und Firnfelder
———	Konvexität unter 20° Winkelunterschied		klammartige Strecken
---	Konkavität über 20° Winkelunterschied		Engstellen mit Terrassenbildung
	Rücken		Wasserfall
+++++	Kamm		Gräben und Rinnen mit besonders schroffer Eintiefung
	Kamm oder Rippe mit Steilabfall		Murenbahnen
	markante Geländestufe oder Felsumrahmung		steile Felsflächen und Wände mit Abfallsrichtung
++++	Grat		Wände mit Rinnensystemen
	Kar- und Talbodenränder		Rundhöcker
▲	besonders markante Felsgipfel		Moränenwälle und Blockgletscher
♦	Bergkuppen		schuttbedeckte Hänge
	Bäche und Rinnen		Schuttkegel und Schutthalden
	Seen		Murenkegel
	vernäßte Flächen		Rutschungen und Plaiken
		.....	Waldgrenze

KARTE 3

KARTE DER
RELIEFGEGENSÄTZE

HOLLERSBACHTAL

0   1   2km

eine Gliederung der Hänge in steile und flache Abschnitte, also in vertikaler Sicht wesentlich gesteigert. Das gleiche gilt auch für die Stufung im Längsprofil des Tales. Ein Trogtal mit scharfen Kämmen, breit ausladender Trogschulter und wuchtig abfallenden Trogwänden und einem breiten noch weiter differenzierten Talboden stellt für Wanderer, die sich in den verschiedensten Höhenlagen befinden, immer ein abwechslungsreiches Bild dar. Je bedeutungsvoller die Konvexitäten und Konkavitäten sind, um so großartiger wird die alpine Hochgebirgslandschaft, denkt man etwa an das Lauterbrunnental in der Schweiz. Daneben spielt die Bewegtheit des Reliefs auch in der Horizontalen die gleiche Rolle. Seitengräben und Abzweigungen von Tiefenlinien führen zu einer interessanteren Kulisse; die Flachregion in der Höhe wird erst bereichert durch das Vorspringen der Zwischenkarscheiden bzw. die Kammerung durch die Kare. Abgesehen von einer gewissen Symmetrie der Baupläne und einer ästhetischen Anordnung der Wölbungsabfolgen, wie sie in einem typischen Trogtal gegeben sind, kann ganz einfach als Schlüssel für die Wertigkeit die Bewegtheit des Reliefs in der Fläche angesehen werden. Die bedeutenden Wölbungen, also solche, die größere Veränderungen des Reliefs hervorrufen (Trogschulter, Konkavität der Kare), zählen dabei mehr als kleinräumige Reliefknitterungen.

Durch Verbreiterung der aus Karte 3 hervorgehenden linearen Elemente von Reliefänderungen erfolgte die vierstufige Ableitung (Karte 4) nach folgenden Typen:

I 90—100% der Fläche mit Wölbungen von 10° pro 100 m,
II 50— 90% der Fläche mit Wölbungen von 10° pro 100 m,
III 10— 50% der Fläche mit Wölbungen von 10° pro 100 m,
IV ohne besondere Bewegtheit des Reliefs.

Gebiete mit starken Formengegensätzen befinden sich entlang des Hollersbachtals vor allem ab der Leitner A., für die ganze Talbreite gilt dies ab der Roßgrub A. Die rechte Talseite ab der Lochalm talaus und die Gegend um die Scharer A. aber auch die Larmkogel Südostseite besitzen weniger Reliefgegensätze.

3. Geomorphologie

Grundlage einer Arealkarte mit den Grenzen der naturschutzwürdigen Gebiete nach den Kriterien der Einzelformationen ist eine morphographische Karte (Karte 5), die durch Luftbildauswertung gewonnen wurde. Die Bewertung der Einzelformen erfolgt nur nach ihrem Gehalt für einen Naturpark; meist liegt jedoch die rein wissenschaftliche Bedeutung der Formen in derselben Ebene. Je schöner die hochalpine glaziale Formengemeinschaft entwickelt ist, um so eher ist sie auch naturschutzwürdig. Im Rahmen des glazialen Formenschatzes, der eine hervorragende Stellung einnimmt, haben Kartypen verschiedener Art vor allem im Zusammenhang mit Karseen und der glaziale Trog anerkannt hohe Qualifikation. Besonders von Bedeutung sind dabei die Karwände und Trogwände mit der Trogschulter beim Taltrog, Karboden mit Karsee und Karriegel sowie der Trogboden. Rundhöckerfluren und glaziale Akkumulationsformen sind meist ohnehin Attribute. Ist ein Gletscher rezent vorhanden, so steigert sich der Wert der glazialen Formengemeinschaft noch bedeutend. Gleichzeitig wird der Eindruck des Hochgebirges dadurch erhöht.

Das Gewässernetz kann einen weiteren wesentlichen Bestandteil für die Naturschönheit des Hochgebirges bilden. Dabei spielen weniger Hangvernässungszonen oder kleine Gerinne eine Rolle, sondern große Bäche mit Wildbachcharakter oder Wasserfällen an Steilstellen, Flußverwilderungen mit Schotterbänken und Inselbildungen sowie Ent-

Karte 4
Wertigkeit nach Reliefgegensätzen

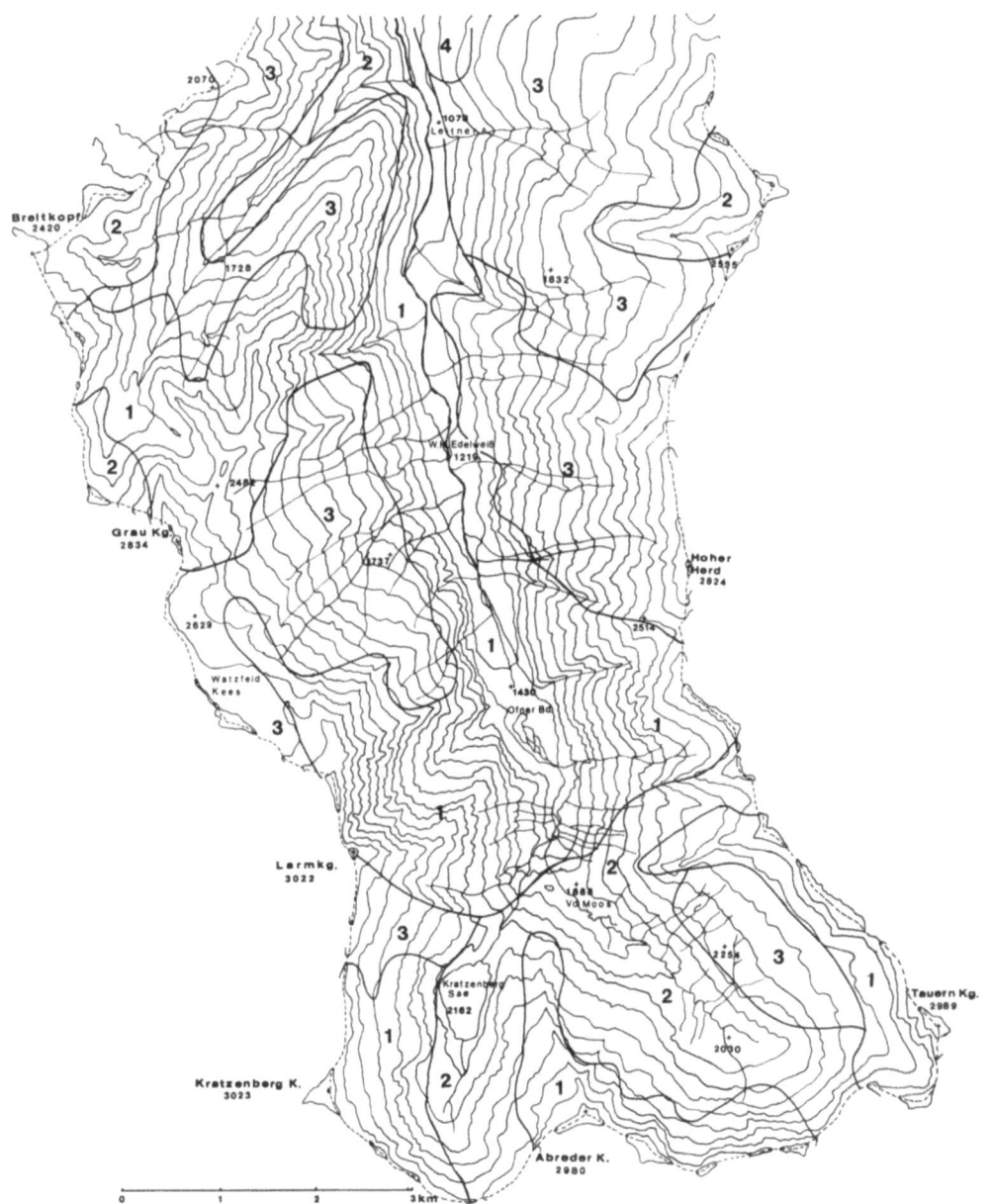

wicklung von Mäandern an flacheren Stellen, natürlich auch Seeufer verschiedenster Art. Der damit im Zusammenhang stehende Formenschatz von Klamm- und Schluchtbildungen verschiedensten Aussehens sowie Hangzerrunsung, Hangzerschneidung und Erosionstrichterbildung gehört ebenfalls wesentlich zum Vorstellungsbild einer hochalpinen Landschaft.

Was die Formengemeinschaft der Hang- und Wandentwicklung anlangt, so treten die Glatthänge, Hangrücken, schuttbedeckten mittelsteilen Hänge und Hangformationen wie Rutschungen, Plaiken, Buckelwiesen und Solifluktionsformen gegenüber der Wand- und Haldenhangentwicklung, der Gratverschärfung und Grataufiösung und den verschiedensten Fels- und Bergsturzformationen zurück. Auch die Muren mit ihren Ablagerungen, den Murenkegeln, sind wesentliche Formenelemente innerhalb des glazialen Troges, indem der Knick am Rande vielfach gemildert wird und einer sanften U-Talform Platz macht.

Ein Überblick über die morphographische Karte (Karte 5) zeigt, daß der Schwerpunkt des hochalpinen Formenschatzes und der schützenswerteren Formen etwa ab der zweiten Talhälfte anzutreffen ist. Auf Grund der Dichte und bei Berücksichtigung der verschieden hohen Wertigkeit der Einzelformen kam Arealkarte 6 mit vier Wertigkeitsstufen zustande. Auch hier ist das Tal ab der Edelweißhütte besonders schützenswert. Der äußerste Teil des Tales sowie vor allem die rechte Talflanke (Grünschiefer) zeigen Formen, die auch in anderen Gebirgen weit verbreitet sind; inselhaft sind das auch manche Gebiete im Talinnern.

Die Schwerpunkte morphologisch schützenswerter Gebiete bildet ein breiter wuchtiger und steilwandiger Trog in Amphiboliten und Gneisen um den Ofner Boden, wo gleichzeitig aus zwei sich gegenüberliegenden Erosionskesseln Muren- und Bergsturzkegel aufgeschüttet sind, die zu einer Stauung des Hollersbaches mit Verwilderungen und Seenbildung führen; weiters das Gebiet des Kratzenberg-Sees (2162 m) und die südliche Umrahmung des Weißeneck-Tals.

Der Kratzenberg-See, der größte Natursee der Venedigergruppe mit einer Fläche von ca. 28 ha und einer Tiefe von 14,4 m[1] ([2] S. 56) liegt in einem Talschlußkar mit besonders schön zerrillter Karwand. Auf der Karplatte liegt ein Firnfeld; darüber erhebt sich die schöne Spitze des Kratzenberg K. (3023 m). Von bemerkenswerter Naturschönheit sind weiters Vd. und Ht. Moos mit breit ausladenden Mäandern im gestuften Weißeneck-Tal, vor allem auch wegen der südlichen Fels- und Firnfeldumrahmung vom Abreder K. (2980 m) bis Dichten Kg. (2843 m). Von der Außenkante des Tals bietet sich ein großartiger Überblick über den Trogschluß des Hollersbachtals mit mehreren Wasserfällen und der Kulisse der Erosionstrichterform des Säullahn-Grabens, vor allem wenn man sich in Richtung des Bockkasten-Kars begibt.

Als besonders interessant kann auch der flache Altformenrest — von E. Seefeldner ([6] S. 125) zum Firnfeldniveau gerechnet — mit dem Watzfeld-Kees, einem kleinen plateauartigen Gletscher, angesehen werden, da wir uns ansonsten hier durchwegs in einem Schneidenhochgebirge befinden.

4. Synthese

Aus den Arealkarten über Hangneigungen, Reliefgegensätzen und geomorphologischen Verhältnissen kann durch Synthesebildung mittels der Grenzgürtelmethode ([9], S. 515—526) eine neue durch räumliche Gruppenbildung entstandene Grenzlinienkarte

---

[1] Nach Echolotmessungen der Tauernkraftwerke 1963, 28,8 m tief.

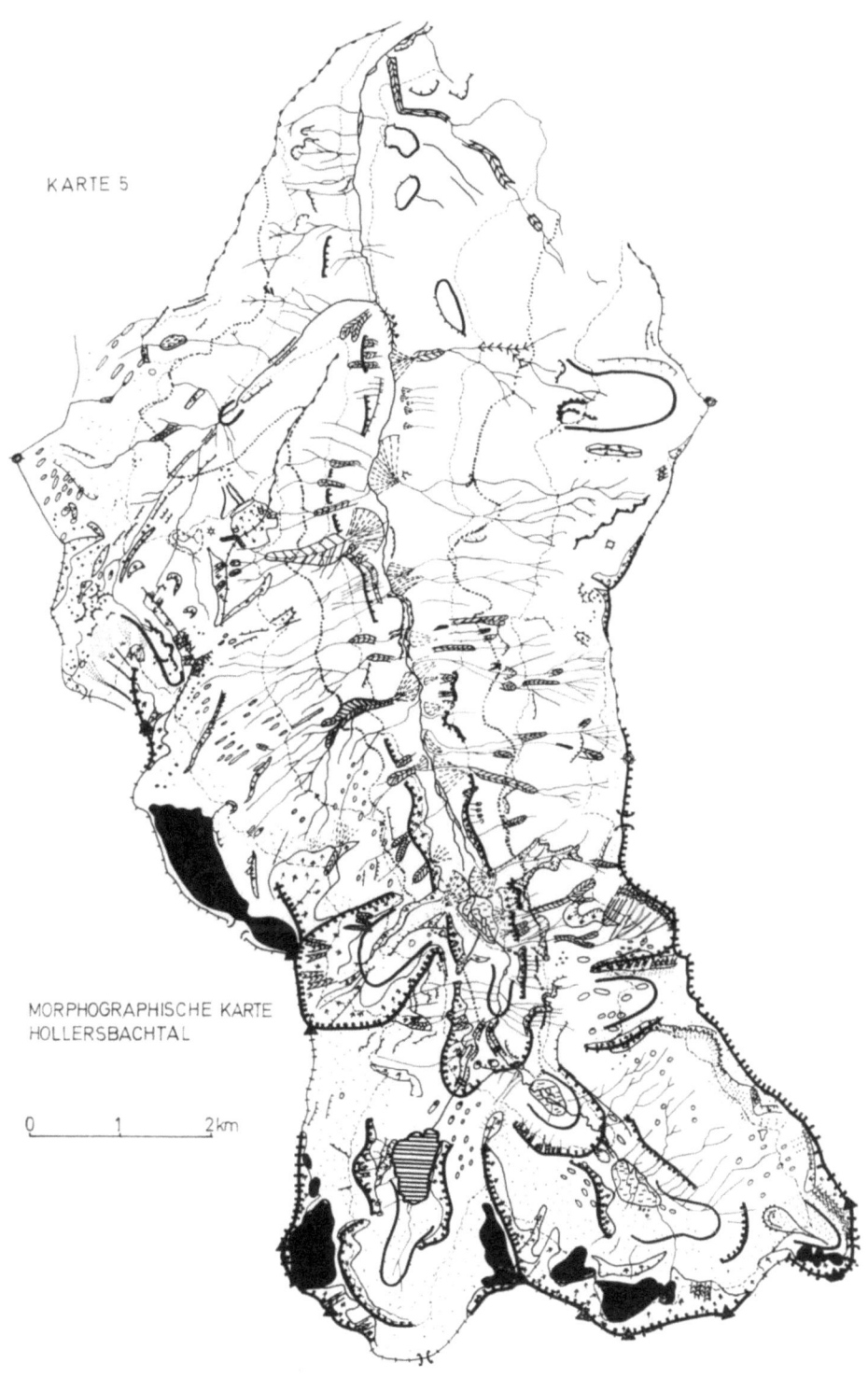

KARTE 5

MORPHOGRAPHISCHE KARTE
HOLLERSBACHTAL

0   1   2 km

konstruiert werden. Als Voraussetzung dafür wurde die Gleichwertigkeit der drei grundlegenden Arealkarten angenommen. Durch Zusammenfassung von Arealen mit dominierenden Klassen entsteht somit eine wiederum in vier Klassen gestufte Wertigkeitskarte für den Formenschatz im allgemeinen.

Geomorphologische Wertigkeit

Als Kerngebiet der Schutzwürdigkeit kristallisiert sich der Talabschnitt ab der Edelweißhütte heraus (Karte 7). Gebiete mit geringerer Wertigkeitsklasse III im Innern (Hochbirg) werden allseitig von Gebieten hoher Wertigkeit umschlossen, so daß hier eine Einbeziehung in das Kerngebiet erforderlich ist.

Karte 7
Synthesekarte der Formenbewertung

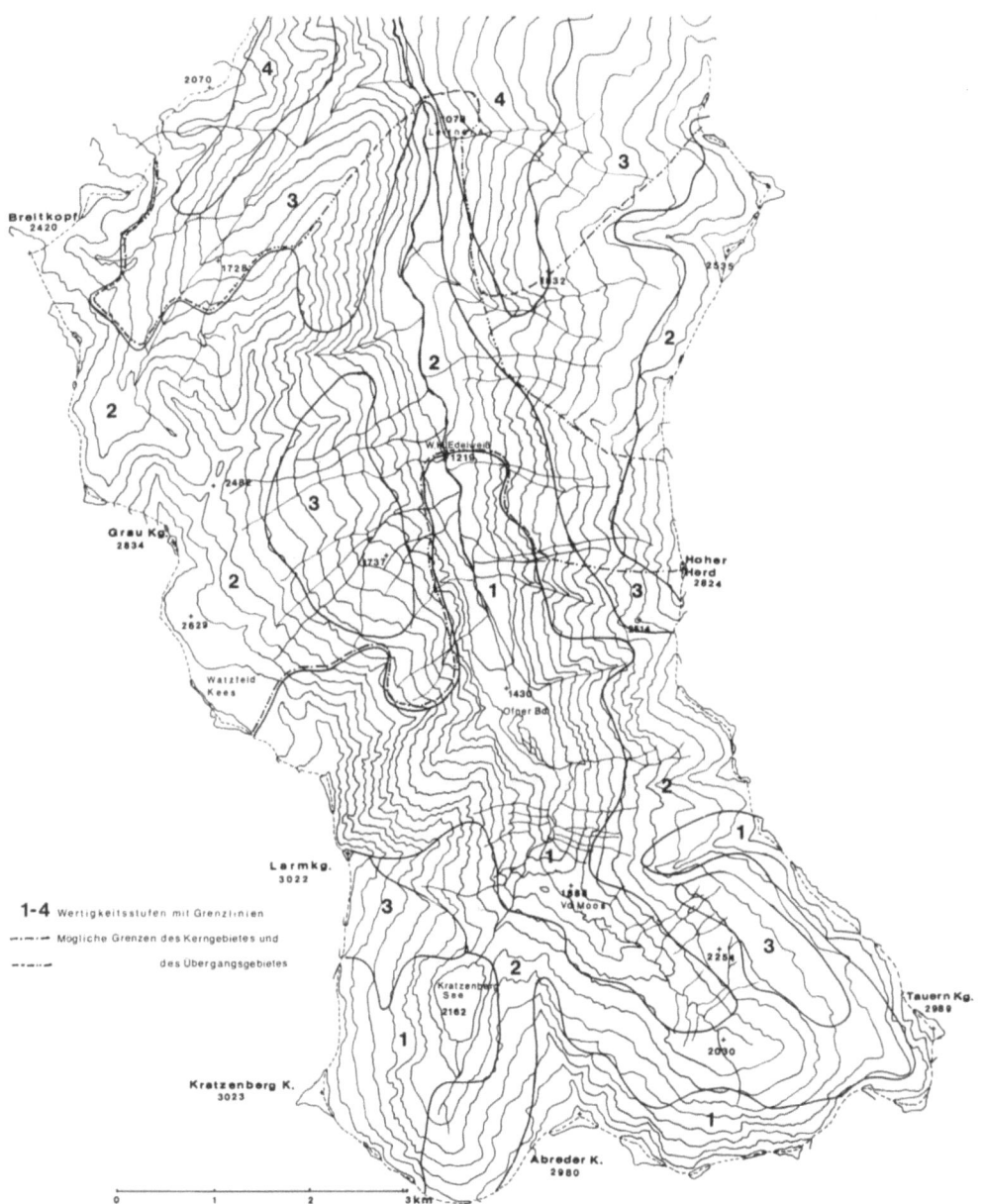

Als Übergangsbereich mit Klasse II teils auch Klasse III ergibt sich das Gebiet ab der Leitner A., im Hangbereich ab Leitach und im Innenteil des Scharntals.

Die bewaldeten Talhänge außerhalb der Ottacher Grund A. können vom Standpunkt morphologischer Wertigkeit außerhalb des Naturparks liegen; das gleiche gilt auch für die Lachalm.

Besonders wesentlich zum Schutz des Hollersbachtals als Teil des Naturparks Hohe Tauern erscheint die unversehrte Erhaltung des Talgrundes ab der Leitner A. Großzügiger Straßenausbau, Parkplätze, Hotelbauten u. dgl. würden Zone I zerschneiden und damit wäre die Basis für einen Naturpark im Hollersbachtal entzogen. Die Einrichtung eines Naturparks ausschließlich für Schutt- und Felsregionen erübrigt sich weitgehend ohnehin. Die von H. H. Stoiber 1970 vorgeschlagene Grenze von ca. 1700 m für die Kernzone steht im Bereich des Hollersbachtals in vieler Beziehung diametral zum Ergebnis der Analysen in Karte 7. Die relativ unbedeutende Almzone am Außensaum des Tales würde ins Kerngebiet fallen, während das hier erarbeitete Kerngebiet auf einen weniger bedeutenden Rest schrumpfen würde [4, 5].

Literatur

[1] Ermacora, F., Nationalpark Hohe Tauern aus der Sicht des Alpenvereins. Mitt. d. ÖAV. **1970**, S. 96—99.
[2] Fugger, E., Salzburgs Seen. Der Weißenecker See. Mitt. d. Ges. f. Salzburger Landeskunde **XXXV**, 52—56 (1893).
[3] Kiemstedt, H., Zur Bewertung der Landschaft für die Erholung. Beiträge zur Landespflege, Sonderheft 1, 151 S. Stuttgart 1967.
[4] Riedl, H., Gedanken zur Motivierung der Nationalparkareale — Hohe Tauern. 4 S. Salzburg 1970.
[5] Paschinger, H., Gesichtspunkte des Geographen zur Errichtung eines Tauern-Nationalparks. 4 S. Graz 1970.
[6] Seefeldner, E., Salzburg und seine Landschaften. 573 S. Salzburg 1961.
[7] Stoiber, H. H., Konzept für einen Nationalpark Hohe Tauern. Ber. z. Raumforschung und Raumplanung **14**, 6—9 (1970).
[8] Strzygowski, W., Vorschläge für die künftige Gestaltung eines Tauernparks. 28 S. Wien 1967.
[9] Witt, W., Thematische Kartographie. 1151 S. Hannover 1970.

Vereinsnachrichten

(Berichtszeitraum Beginn 1970 bis Ende 1972)

Es fanden 3 Hauptversammlungen statt, und zwar am 13. 5. 1970, am 18. 5. 1971 und am 8. 5. 1972. Die Zusammensetzung des Vereinsvorstandes blieb unverändert. Im Anschluß an die Versammlungen wurde jeweils ein wissenschaftlicher Vortrag gehalten, und zwar von den Herren Dipl.-Ing. Wilfried Staudinger über „Großwetterlagen und Leistungssegelflug", von Dr. Werner Mahringer über „Schach dem Lawinentod. Die Lawinengefahr als meteorologisches Problem" und von Hofrat Prof. Dipl.-Ing. Dr. Herbert Aulitzky über „Alpine Klimaeinflüsse und hydrologische Größen in ihrer Bedeutung für Fragen der Raumordnung".

Im Berichtszeitraum verlor der Sonnblick-Verein 30 Mitglieder durch Tod, u. a. Prof. Dr. Gustav Götzinger, Med.-Rat Dr. Franz Krammer, Dr. Max Onno, Prof. Dr. Josef Daimer, OR Dr. Walther Friedrich.

Durch intensive Werbung konnte die Zahl der Mitglieder wieder angehoben werden.

Die Geldgebarung, deren Einzelheiten in den Protokollen der Generalversammlungen gedruckt sind, zeigt folgendes Bild:

Vortrag 1970	296 090,26 S
Einnahmen 1970	70 065,33
Ausgaben 1970	32 412,45
Vortrag 1971	333 743,14
Einnahmen 1971	69 372,84
Ausgaben 1971	74 515,40
Vortrag 1972	328 600,58
Einnahmen 1972	59 520,57
Ausgaben 1972	40 232,80
Vortrag 1973	347 888,35

Bericht über die Tätigkeit des Sonnblick-Vereines in den Jahren 1971 und 1972

Das Sonnblickobservatorium wechselte im April 1972 seine personelle Besetzung. Die Beobachter Johann Schmiedl (seit 20. 10. 1966), Rudolf Lehner (seit 2. 10. 1967) und Anton Wallner (seit 1. 8. 1968) lösten nach gewissenhafter Erfüllung ihrer Aufgaben einverständlich das Dienstverhältnis und wurden durch Christian Ager (13. 3. 1972), Herbert Unterweger (24. 4. 1972) und Rupert Pirchl (1. 5. 1972) ersetzt.

An wissenschaftlichen Untersuchungen im Sonnblickgebiet sind zu nennen die alljährlichen Gletscheruntersuchungen an den Firn- und Eisfeldern durch Prof. Dr. Hanns Tollner, ferner Albedo- und Schneeprofilmessungen, Temperatur- und Dichtemessungen in mehreren Tiefen der Schneedecke, Studien der Schneeverfrachtung durch Wind im Bereich der Fleißscharte durch Dr. Werner Mahringer. Im Sommer 1971 wurden im Rahmen des Untersuchungsprogramms der Internationalen Hydrologischen Dekade Eisdickenmessungen mit Hilfe der Refraktionsseismik auf den Sonnblickgletschern durchgeführt, und zwar von der Zentralanstalt gemeinsam mit dem Institut für Meteorologie und Geophysik der Universität Wien. Mitwirkend waren die Herren Ing. Otto Bittmann, Dipl.-Ing. Dr. Ewald Brückl, Peter Carniel, Richard Werner, zeitweise auch Doz. Dr. Peter Steinhauser und Gerald Duma. Es wurde das kleine Fleißkees und das Voglmeier-Ochsenkarkees mit seismischen Profilen vermessen, wobei die gesamte Geophonauslage 4250 m betrug.

Im Sommer 1972 wurden die seismischen Gletscheruntersuchungen auf dem Wurtenkees, das vom Schareck (3122 m) und dem Alteck bis in Höhen vom 2500 m herabreicht, fortgesetzt. Gemessen wurde in 7 Profilen bei einer Gesamtgeophonauslage von 3,5 km. Zur Feststellung der Fließgeschwindigkeit des Eises wurden mit Hilfe eines Dampfbohrers 12 Pegel gesetzt und vermessen, zusätzlich wurde die Fließgeschwindigkeit des Eises noch mittels Hammerschlagseismik ermittelt.

Wie alljährlich gab es Schäden an wissenschaftlichen Geräten und Anlagen, hauptsächlich durch Blitzschlag. Die Registrieranlagen konnten durch Dr. Mahringer wieder instand gesetzt werden.

Bei den technischen Einrichtungen für die Lichtversorgung (Ladegleichrichter, Dieselmotoren) wurden im Herbst 1970 größere Reparaturen vorgenommen. Der Seilbahnbetrieb konnte ohne besondere Ausfälle durchgeführt werden, da in jedem Jahr die erforderlichen Kontrollen und Servicearbeiten durch die einschlägigen Firmen gewissenhaft vorgenommen werden. Zur Sicherung des Seilbahnbetriebs und der monatlichen Begehungen des Gletschergebietes wurde im Jahre 1970 eine Telectronic-Handfunksprechanlage, bestehend aus einem Stationsgerät mit 2 Sprechstellen und 3 Mobilgeräten, angeschafft. Sie hat sich bisher bestens bewährt.

Am Ostteil des Zittelhauses bzw. im Observatorium wurden 1971 umfangreiche Verbesserungsarbeiten vorgenommen: Erneuerung der Dachabdichtung, Neuverkleidung der Schlafkammern im Dachgeschoß, neue Tür- und Fensterstöcke, Erneuerung des Fußbodens und der Wandverkleidung in der Beobachterküche, Ankauf eines neuen Küchenherdes und einer Abwäsche, Anbringung von Einbauten in der Küche, Erneuerung der Elektroinstallation. Ein Teil der anfallenden Kosten wurde vom Sonnblick-Verein getragen.

Die Bemühungen um den Erweiterungsbau des Observatoriums blieben bisher leider erfolglos. Das Bundesministerium für Wissenschaft und Forschung entsandte einen Herrn auf den Sonnblick, der sich von der Notwendigkeit einer grundlegenden Verbesserung der räumlichen Wohn- und Arbeitsbedingungen im Observatorium überzeugen konnte, es gab Vorsprachen bei der Landesregierung in Salzburg und gemeinsame Aussprachen im Wissenschaftsministerium in Wien. Die Projektspläne wurden von der Landesbaudirektion Salzburg zum Studium angefordert, darüber hinaus konnten aber noch keine greifbaren Erfolge erzielt werden, zum Teil wegen der aktuellen Kreditbremse, von der derzeit viele öffentliche Bauvorhaben betroffen werden.

Buchbesprechung

Lendl, E., und H. Riedl: Beiträge zur Klimatologie, Meteorologie und Klimamorphologie. Festschrift für Hanns Tollner zum 70. Geburtstag. Im Selbstverlag des Geogr. Inst. d. Univ. Salzburg. Band 3, 1973. 354 Seiten, 57 Diagramme, 16 Profile, 18 Karten und 12 Bilder. Preis: S 260,—.

Nach einer Würdigung des gleichermaßen als Geograph und Meteorologe verdienten Forschers, Lehrers und Wissenschaftlers Hon.-Prof. Dr. Hanns Tollner (geb. in Wien am 15. 1. 1903) und nach der Zusammenstellung aller seiner bisherigen Veröffentlichungen bringt der vorliegende Band 20 Originalbeiträge zu den Arbeitsgebieten des Autors:

H. Flohn berichtet über „Antarktis, Arktis und globale Klimaschwankungen". Schlußfolgerungen einer Hypothese des Eisausstoßes aus dem Raum der Antarktis während der Jahre 1840—1900 werden gegeben. Globale Auswirkungen auf die Temperaturverhältnisse, insbesondere eine mittlere Temperaturabnahme von nahezu einem Grad, werden plausibel.

S. Morawetz studiert in seinem Beitrag „Permafrost-Schneegrenze-Periglaziales" die Lage der Permafrostzone während der letzten Vergletscherung. Er kann zeigen, daß die Peripherie des Permafrostes etwa zwischen Wien und Zagreb endete, so daß die Südseite der Alpen davon nicht mehr betroffen sein konnte.

Es folgt F. Fliri mit „Statistische Untersuchung über den Zusammenhang von Südföhn und Gesamtklima in Innsbruck". Aus einer 66jährigen Reihe wird der Einfluß der Südföhnlagen auf die klimatischen Normalwerte von Temperatur, Niederschlag usf. durch Regressionen und Korrelationen erfaßt. Es wird besonders darauf hingewiesen, daß die Föhnhäufigkeit ein maßgeblicher Faktor für die Verdunstung, und damit für einen großen Bereich Nordtirols für den gesamten Wasserhaushalt mitentscheidend ist.

„Die Hohen Tauern als Wetter- und Klimascheide", ein Beitrag von H. Wakonigg, legt an Hand zehnjähriger Beobachtungen der Stationen Zell am See, Badgastein, Döllach, Lienz und des Hohen Sonnblick, die Wirkung des Alpenhauptkammes als Klimascheide (von neuem) dar. Der unterschiedliche Verlauf von Süd nach Nord in den Elementen Temperatur, Bewölkung und Niederschlag an den verschiedenen Großwetterlagentagen wird berechnet und anschaulich dargestellt.

Eine Studie „Über die Schneeverhältnisse auf der Großglockner-Hochalpenstraße" von F. Steinhauser gibt Auskunft über die mittleren Höhen der Schneelage in der Mitte sowie am Rand der Hochalpenstraße. Aus zahlreichen Abbildungen ist ersichtlich, daß zufolge topographischer Effekte die Schneehöhen innerhalb kürzester Distanzen beträchtliche Unterschiede aufweisen.

Der folgende Beitrag von W. Schaup über „Die Abfolge normaler, warmer und kalter Jahre beziehungsweise Jahreszeiten in Badgastein" stellt eine 107jährige Reihe von Beobachtungen des weltberühmten Kurortes vor. Mittels zahlreicher Tabellen werden Klimaabschnitte und sogar Periodizitäten erkennbar.

W. Mahringer ist der Verfasser der Arbeit „Das Strahlungsklima im Raume Salzburg". Monatsmittelwerte, Tagessummen aller Strahlungskomponenten, die mittlere tägliche Variation der Globalstrahlung und Beziehungen zur Sonnenscheindauer werden aus 15jährigen Beobachtungen von Salzburg abgeleitet.

„Agrarmeteorologische Aspekte in der angewandten Bodenkunde" lautet der Titel des Beitrages von O. Nestroy, der die Bedeutung der klimatischen Verhältnisse auf die Bodenbildung und Bodenverwitterung hervorstreicht.

„Der Regen im Islam" von J. Schramm schildert die Bedeutung des Regens im Koran. Es folgt eine Chronik der „Unwetter im Lande

Salzburg im Zeitraum 1946—1970" von F. Lauscher. An 292 von insgesamt 9131 untersuchten Tagen traten im Raume Salzburg Unwetter auf. Der Bericht enthält alle Angaben über Starkregen, Überflutungen, Hagel, Blitzschläge, Stürme, Lawinen, Starkschneefälle und sogar Waldbrände. Die Großwetterlagentypen nach F. Lauscher werden herangezogen, um eine Klassifizierung der Schadensfälle zu erstellen. Es zeigt sich, daß vor allem drei Wettersituationen für Unwetter „Bedeutung" haben: Meridionale Tröge, tiefer Luftdruck über Zentraleuropa sowie tiefer Luftdruck über den Britischen Inseln bei gleichzeitiger Advektion kühlerer Luft in höheren Luftschichten (Labilisierung).

„Die Bedeutung meteorologischer Faktoren für die Auslösung gegenwärtiger geomorphologischer Prozesse am Beispiel des Landes Salzburg" von Th. Pippan, „Bewegungsmessungen und Studien an Schrägterrassen an einem Hangausschnitt in der Kreuzeckgruppe" von E. Stocker, „Zum Problem eines oberkreidezeitlichen Karstes in den Fischauer Bergen" von H. Riedl, „Das Pivkabecken als hydrographisches Dach des Innerkrainer Karstes" von F. Habe, „Physisch-geographische Faktoren, die das Klima der Dolinen und Poljen beeinflussen" von I. Gams, „Klima und Wetterablauf ober und unter Tag in Abhängigkeit von der Orographie" von W. Gressel sind die weiteren Beiträge.

H. Kropatschek berichtet in „Die Geodäsie im Dienste der Gletscherforschung", J. Goldberger in „Der Massenhaushalt des Hochköniggletschers 1965—1971" über aktuelle Probleme der Gletscherforschung.

Den Abschluß des wertvollen Bandes bilden Untersuchungen von H. Steinhäusser („Größte Tagesniederschlagshöhen und ihr Beitrag zum Hochwasserabfluß in den südlichen Ostalpen") und von G. Müller („Vergleichende Sommertemperatur- und Eisdickenmessungen in Seen des westlichen Salzkammergutes").

Die Autoren, Berufskollegen des Meteorologen Tollner, Kollegen des Geographen Tollner sowie Schüler des Lehrers Tollner haben sich große Mühe gegeben, diesen bestausgestatteten, repräsentativen Band herauszubringen. Wir erkennen mit dieser Festschrift das weitgestreute Spektrum an Interessen und Impulsen, die Prof. Tollner bisher angeregt hat.

G. Skoda

Ergebnisse der meteorologischen Beobachtungen auf dem Sonnblickgipfel (3106,5 m)[1] aus dem Jahre 1970

	Luftdruck[2], mm			Temperatur			Bewölkung Zehntel	Niederschlagsmenge[3]			Zahl der Tage mit						Tage			Sonnenscheindauer in Stunden	Windstärke m/sec
				Mittel	Absolutes						Niederschlag ≧ 0,1 mm	Schnee	Nebel	Sturm	Heitere	Trübe	Frost-	Eis-			
	Mittel	Max.	Min.		Max.	Min.		N	S												
Jänner	513,1	521,3	503,1	−9,0	−2,0	−20,2	6,1	59	79	14	14	21	25	4	9	31	31	128	9,1
Februar	9,8	16,7	1,5	−13,3	−7,5	−27,4	8,6	143	265	25	25	28	24	0	18	28	28	62	9,6
März	11,8	20,3	499,1	−11,6	−5,0	−32,2	8,2	166	189	23	23	29	24	0	22	31	31	102	7,9
April	15,6	27,8	505,2	−7,6	1,6	−22,2	8,4	82	162	22	23	27	19	0	18	30	28	104	8,4
Mai	19,6	26,6	12,9	−4,4	0,6	−17,4	8,8	129	182	23	23	29	25	0	23	31	31	106	9,5
Juni	25,1	30,5	19,5	2,5	9,0	−10,7	7,9	107	156	18	18	26	22	1	15	20	6	162	6,1
Juli	24,9	30,6	13,8	3,3	9,2	−8,4	7,5	101	158	17	11	29	20	0	13	18	8	168	8,4
August	25,2	30,3	19,5	3,9	11,1	−5,0	7,4	176	222	18	11	30	15	1	14	15	4	165	5,1
September	25,8	30,4	20,7	1,9	6,5	−9,5	5,9	94	153	11	10	24	18	2	10	23	4	180	6,7
Oktober	22,7	32,0	7,4	−1,9	6,2	−16,4	5,4	80	205	12	12	16	24	9	9	27	19	162	7,9
November	19,3	28,7	7,4	−3,9	2,0	−17,6	6,5	86	145	18	18	16	22	4	11	30	24	128	8,6
Dezember	17,5	30,2	2,2	−8,8	−0,6	−26,6	5,7	94	122	17	17	17	23	7	12	31	31	140	8,2
Jahr	519,2	532,0	499,1	−4,1	11,1	−27,4	7,2	1317	2038	218	204	292	261	27	174	315	245	1607	8,0

Totalisatorenbeobachtungen im Sonnblickgebiet, 1970 (Millimeter Wasserwert)

	I.	II.	III.	IV.	V.	VI.	VII.	VIII.	IX.	X.	XI.	XII.	Jahr
Kolm-Saigurn, 1600 m	29	211	178	160	121	150	218	261	183	139	129	118	1897
Radhaus, 2117 m	16	176	96	92	144	160	184	312	260	132	120	76	1768
Unterhalb der Rojacherhütte, 2580 m	86	389	131	126	214	182	271	132	286	139	170	100	2226
Hoher Sonnblick, 3076 m (horizontale Auffangfläche)	60	380	288	320	404	120	368	440	180	116	208	236	3120
Hoher Sonnblick, 3076 m (hangparallele Auffangfläche)	100	248	260	420	308	280	532	540	304	152	200	168	3512
Oberes Fleißkees, 2808 m	48	204	100	220	220	132	328	356	116	140	140	92	2096
Unteres Fleißkees, 2558 m	44	184	232	220	220	120	240	308	112	128	136	60	2004

Schneepegelbeobachtungen im Sonnblickgebiet, 1970 (Schneehöhe in Zentimetern am 1. jedes Monats sowie Firnrest in Zentimetern am Tage der Neufestsetzung des Pegelnulls)

	I.	II.	III.	IV.	V.	VI.	VII.	VIII.	IX.	X.	XI.	XII.	Firnrest am
Naßfeld, 1630 m	69	57	195	182	163	—	—	—	—	0	22	17	0	1. Okt.
Unterer Goldbergkeesboden, 2480 m	110	100	208	250	300	330	130	Eis	Eis	0	80	130	0	1. Okt.
Oberer Goldbergkeesboden, 2710 m	100	110	250	420	430	450	360	200	Eis	0	80	140	0	1. Okt.
Oberer Steilhang des Goldbergkees, 2850 m	100	100	270	340	400	449	400	300	50	0	50	140	5	1. Okt.
Oberes Fleißkees (Pilatusscharte), 2880 m	100	85	200	285	330	339	290	120	105	0	100	130	35	1. Okt.
Fleißscharte, 2990 m	90	105	210	240	310	350	240	150	90	—	70	90	15	1. Okt.

[1] Beobachtungstermine bis 31. XII. 1970: 7, 14 und 21 Uhr.
[2] Die Korrekturen wurden bereits angebracht: $B_c = -0,61$ mm und $G_e = -0,21$ mm.
[3] Ombrometer-Aufstellungen nördlich und südlich vom Observatoriumsgebäude.

68.—69. Jahresbericht des Sonnblick-Vereines, 1970—1971

Ergebnisse der meteorologischen Beobachtungen auf dem Sonnblickgipfel (3106,5 m)[1] aus dem Jahre 1971

	Luftdruck[2], mm			Temperatur			Bewölkung Zehntel	Niederschlagsmenge[3]		Zahl der Tage mit						Tage			Sonnenscheindauer in Stunden	Windstärke m/sec
				Mittel	Absolutes					Niederschlag ≥ 0,1 mm	Schnee	Nebel	Sturm	Heitere	Trübe	Frost-	Eis-			
	Mittel	Max.	Min.		Max.	Min.		N	S											
Jänner	514,9	525,7	502,2	−12,0	−6,4	−24,3	7,0	84	63	17	17	22	23	2	20	31	31	90	9,0
Februar	14,9	26,5	3,0	−13,5	−3,0	−26,2	7,1	110	224	20	20	19	22	2	15	28	28	111	8,3
März	11,6	20,1	4,0	−15,2	−5,3	−33,2	7,7	104	158	18	18	27	26	1	16	31	31	122	8,9
April	17,7	25,3	7,9	−6,1	0,0	−12,1	7,2	59	70	16	16	24	17	2	16	30	29	164	5,9
Mai	20,7	27,6	13,6	−1,8	4,8	−7,5	8,2	63	72	20	20	25	16	0	19	29	16	119	5,9
Juni	21,2	25,0	15,5	−1,5	5,4	−8,0	8,7	125	178	23	22	30	16	2	21	28	12	98	5,9
Juli	26,8	32,3	19,5	2,4	10,7	−8,1	7,0	54	72	11	9	27	11	2	12	12	0	246	4,7
August	26,8	31,3	21,6	4,0	13,4	−4,3	6,4	149	266	21	12	26	18	3	11	10	17	223	6,1
September	25,0	31,3	18,5	−2,9	7,4	−12,8	6,5	60	116	14	14	21	14	7	14	25	15	168	5,9
Oktober	26,9	32,2	17,8	−2,8	5,2	−16,8	4,1	13	23	3	3	10	12	7	4	29	29	249	6,8
November	15,8	29,5	1,9	−9,0	1,0	−24,7	7,3	75	150	22	22	24	18	3	15	30	15	87	7,1
Dezember	22,6	31,0	10,4	−8,1	0,0	−27,0	5,2	76	98	12	12	13	20	9	10	31	29	146	10,0
Jahr	520,4	532,3	501,9	−5,5	13,4	−33,2	6,9	972	1490	197	185	268	213	37	173	314	241	1823	7,0

Totalisatorenbeobachtungen im Sonnblickgebiet, 1971 (Millimeter Wasserwert)

	I.	II.	III.	IV.	V.	VI.	VII.	VIII.	IX.	X.	XI.	XII.	Jahr
Kolm-Saigurn, 1600 m	50	125	125	72	107	150	180	125	75	0	136	36	1065
Radhaus, 2117 m	108	180	144	72	164	216	200	220	120	0	120	92	1524
Unterhalb der Rojacherhütte, 2580 m	54	164	—	—	—	—	—	—	—	—	204	128	—
Hoher Sonnblick, 3076 m (horizontale Auffangfläche)	68	360	228	80	20	332	280	164	128	12	80	288	1872
Hoher Sonnblick, 3076 m (hangparallele Auffangfläche)	96	304	260	120	108	396	310	164	200	24	172	244	2238
Oberes Fleißkees, 2808 m	88	156	140	40	28	196	220	120	40	8	204	144	1284
Unteres Fleißkees, 2558 m	40	152	100	36	28	176	290	100	40	8	148	120	1020

Schneepegelbeobachtungen im Sonnblickgebiet, 1971 (Schneehöhe in Zentimetern am 1. jedes Monats sowie Firnrest in Zentimetern am Tage der Neufestsetzung des Pegelnulls)

	I.	II.	III.	IV.	V.	VI.	VII.	VIII.	IX.	X.	XI.	XII.	Firnrest am
Naßfeld, 1630 m	72	53	144	118	—	—	—	—	—	—	—	—	1. Okt.
Unterer Goldbergkeesboden, 2480 m	170	180	180	250	275	190	180	Eis	Eis	0	0	0	1. Okt.
Oberer Goldbergkeesboden, 2710 m	140	160	210	275	250	200	200	Eis	Eis	0	0	0	1. Okt.
Oberer Steilhang des Goldbergkees, 2850 m	120	210	280	310	290	270	280	60	Eis	5	60	20	1. Okt.
Brettscharte, unterer Pegel, Goldbergkees, 2890 m	180	240	280	320	350	285	310	100	5	20	80	30	1. Okt.
Brettscharte, oberer Pegel, Goldbergkees, 2920 m	170	175	240	295	280	250	220	100	30	15	155	40	1. Okt.
Fleißscharte, 2990 m	105	170	140	230	220	250	290	100	10	15	150	25	1. Okt.
Oberes Fleißkees (Pilatusscharte), 2880 m	170	180	280	270	270	250	210	60	Eis	30	200	40	1. Okt.
Fleißkees, Mitte, 2910 m	115	160	180	220	250	220	220	100	—	25	150	25	1. Okt.
Fleißkees, unterer Pegel, 2840 m	220	260	320	370	400	365	390	100	60	40	140	40	1. Okt.

[1] Beobachtungstermine ab 1. I. 1971: 7, 14 und 19 Uhr.
[2] Die Korrekturen wurden bereits angebracht: $B_c = -0,61$ mm und $G_c = -0,21$ mm.
[3] Ombrometer-Aufstellungen nördlich und südlich vom Observatoriumsgebäude.

Für die Fertigstellung dieses Jahresberichtes haben folgende Firmen in dankenswerter Weise Druckkostenbeiträge geleistet:

Dipl.-Ing. Dr. techn. Eckel Kurt, Architekt / Erzhütte AG. / Gewista, Werbeges. m. b. H. / Kapsch & Söhne, Telephon- u. Telegraphenfabrik AG. / Organchemie G. m. b. H. / Prasch Franz, Schädlingsbekämpfung / Schaffler & Co. Fabr. elektr. Appar. / Wagner & Co. Komm. Ges. / Wiener Porzellan-Manufaktur Augarten / Dr.-Ing. Wycital Herbert, Zivilingenieur.

Bitterlich / Wöbking

Geoelektronik

Angewandte Elektronik in der Geophysik, Geologie, Prospektion, Montanistik und Ingenieurgeologie

Von Dr. phil. habil. Wolfram Bitterlich
und Dr. phil. Hans Wöbking

---

289 Abbildungen. XII, 349 Seiten. 1972.
Gebunden S 890,—, DM 129,—
ISBN 3-211-81037-4

„Elektronische Meßtechniken, angewandt zur Lösung geophysikalischer Probleme, insbesondere der Lagerstättenerkundung, werden in diesem Werk ausführlich und praxisnah dargelegt. Das Buch dient ebenso der Einführung der Elektroniker in die besonderen Meßprobleme der Geophysik wie der Unterrichtung der Geologen über die Meßmöglichkeiten der Elektronik. Die Autoren beschreiben nicht nur mögliche Meßverfahren mit ihren Vorzügen und ihren Nachteilen, sondern belegen ihre Angaben auch mit einer Vielzahl experimenteller Ergebnisse. Besonders hervorzuheben sind die jedem Kapitel folgenden ausführlichen Literaturhinweise zur weiteren Vertiefung der beschriebenen Problematik. Das Buch ist eine sehr empfehlenswerte Hilfe für alle, die sich mit der Anwendung der Elektronik auf dem Gebiet der Geophysik befassen."

Glückauf

Springer-Verlag
Wien · New York

If you have any concerns about our products,
you can contact us on
ProductSafety@springernature.com

In case Publisher is established outside the EU,
the EU authorized representative is:
Springer Nature Customer Service Center GmbH
Europaplatz 3, 69115 Heidelberg, Germany

Printed by Libri Plureos GmbH
in Hamburg, Germany